【口袋版】

崔玉涛图解家庭育儿

•小儿疫苗接种

• 崔玉涛 / 著

获得更多资讯，请关注：

科学家庭育儿微信公众账号

人民东方出版传媒
東方出版社

崔大夫寄语

从 2001 年起在《父母必读》杂志开办“崔玉涛医生诊室”专栏至今，在逐渐得到社会各界认可的同时，我也由一名单纯的儿科临床医生，逐渐成长为具有临床医生与社会工作者双重身份和责任的儿童工作者。我坚信，作为儿童工作者，就应有义务向全社会介绍自己的知识、工作经验和体会。

从 2006 年开办个人网站，到新浪博客之旅，又转战到微博，至今已连续 1400 多天没有中断每日微博的发布，累计发布微博达 6100 多条，粉丝达到 550 万。在微博内容得到众多网友的青睐之时，我深切感受到大家对更多育儿知识的渴求。微博虽然传播速度快，但内容碎片化，不能完整表达系统的育儿理念。于是，2015 年 2 月 5 日成立了“北京崔玉涛儿童健康管理中心有限公司”，很快推出了微信公众号“崔玉涛的育学园”和育儿 APP“育学园”，近期又在北京创立了第一家“崔玉涛育学园儿科诊所”。其目的就是全方位、立体关注儿童健康，传播科学育儿理念，为中国儿童健康服务。

为了能够把微博上碎片化的知识整理成较为系统的育儿理论，在东方出版社的鼎力帮助和支持下，经过一定的知识补充，以漫画和图解的形式呈现给了广大读者。这种活跃、简明、清晰的形式不仅是自己微博的纸质出版物，而且能将零散的微博融合升华成更加直观、全面、实用的育儿手册。本套图书共10本，一经面世就得到众多朋友的鼓励和肯定，进入到育儿畅销书行列。为此，我由衷感到高兴。这种幸福感必将鼓励我继续前行，为中国儿童健康事业而努力。

此次发行的版本，就是为了满足更多朋友的需要，希望将更多的育儿知识传播给需要的人们。我们一道共同了解更多育儿理念，才能营造出轻松、科学养育的氛围。我的医学育儿科普之旅刚刚启程，衷心希望更多医生、儿童健康工作者、有经验的父母加入进来，为孩子的健康撑起一片蓝天，铺就一条光明之路。

2016年9月18日于北京

目录
contents

预防接种与孩子的免疫力

2 小儿疫苗接种基础知识

3 接种后反应及常见问题

崔大夫门诊问答

附录

1 预防接种与孩子的免疫力

我打麻疹疫苗了！

孩子的免疫力指的是孩子抵抗感染性疾病的能力

提高免疫力

三种方法：

预防接种

均衡营养

通过环境刺激免疫系统成熟

免疫力不是单纯靠食疗就能提高的

提醒家长们，均衡营养是一种提高身体免疫力的方法，但某一种营养素可以提供什么样的免疫力只是商家的广告宣传词。某种营养素不可能直接提高免疫力或提高某一部分免疫力。家长们不要迷信。

提高孩子免疫力的三种方法

孩子的免疫力指的是孩子抵抗疾病的能力，也就是对抗细菌和病毒的能力。

婴儿在刚出生时体内只有妈妈怀孕期间通过胎盘传递的一些抗体，但这些抗体根本不足以保护孩子不生病，特别是不生大病。那如何才能提高孩子抵抗疾病，特别是抵抗感染性疾病的能力呢？人体只有在接触了某种病毒、细菌并产生了相应的抗体后，才能够达到抵抗的目的。但是当然不能为了预防以后得病而让孩子把所有病毒都感染了，所以，目前预防接种是提高抵抗力的最主要的方法之一。

均衡营养也是一种提高身体抵抗力的方法，其作用仅次于预防接种。人体的生长发育越正常，其抵抗疾病能力也越强。所以现实生活中，身体比较强壮的孩子不容易生病就是这个道理。

此外，环境中的细菌也能提高后天免疫能力，通过环境中少量的、连续不断的刺激，使免疫系统逐渐成熟。这是位居第三的提高抵抗力的方法。也就是说，我们提供给孩子的生活环境应该是清洁的，而不是无菌的，但是人类的某些活动会削弱环境的这项作用，比如滥用消毒剂、抗生素等。在现实生活中，有越来越多的家庭追求无菌，经常用消毒剂来擦洗孩子的用品，甚至会定期做空气消毒。家长要明白，越让少量的病毒和细菌远离孩子，孩子的免疫系统越不容易成熟。

接种疫苗会不会让孩子得病？

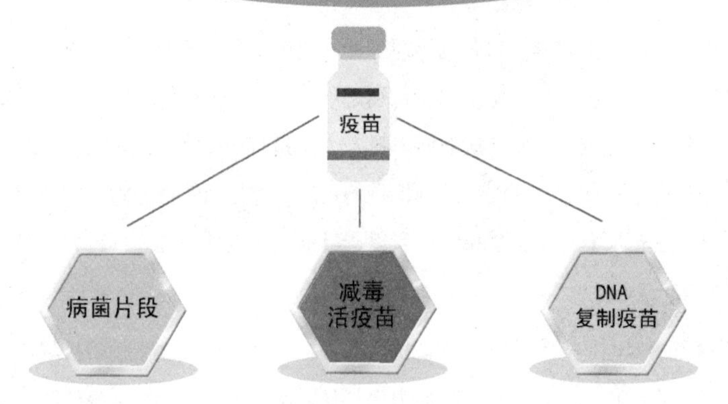

疫苗分为病菌片段(死疫苗)、减毒活疫苗(活疫苗)，以及DNA复制疫苗等，没有真的活菌疫苗。

疫苗虽然来自相应的病菌，但都人为加工过，所以不可能有传染性，接种疫苗后不会出现疾病反应，比如，孩子不可能因为接种麻疹疫苗而出现具有传染性的麻疹。接种过疫苗的儿童更不会将相应的病菌传染给他人。

预防接种是促进婴儿免疫成熟的最好方法

人体免疫系统分先天性免疫系统和获得性免疫系统。先天性免疫系统指的是皮肤、胃液等生理屏障和功能，是生来就具有的。获得性免疫系统属于后天免疫，是在不断接触细菌、病毒等的过程中逐渐发育成熟的，获得性免疫的水平意味着抵抗感染性疾病的能力。

婴儿在出生后不断接触少量病菌的过程就是获得性免疫系统不断成熟的过程，人为控制这个过程的形式就是接种疫苗。前面已经讲到，人体在接触了某种细菌或病毒后会产生对这种细菌或病毒的抗体，可是人不可能为了提高免疫力而把所有的疾病都感染。预防接种过程就是模拟严重感染性疾病的部分过程，这个过程会对免疫系统产生直接而且有效的刺激。

疫苗是细菌、病毒的碎片或其中的重要片段。疫苗在生产过程中，把原有的病毒和细菌进行了一种改造，使其在具有免疫性的同时失去了致病性。也就是说，接种疫苗以后，孩子体内会产生相应的抗体，能够预防以后真的得病，但是不会在疫苗接种中对孩子造成真正的损伤。接种疫苗可以刺激婴幼儿体内的免疫系统产生相应抗体，以预防真正的严重感染性疾病。

有些家长担心给孩子接种疫苗种类太多会影响孩子自身免疫能力。疫苗接种到人体内作为抗原，促使免疫系统产生抗体。抗体才是我们经常谈及的免疫能力或抵抗力。所以接种疫苗，与自然感染的道理相同，只能增强人体免疫能力，绝对不会抑制自身免疫功能。

从积极治疗疾病到主动地预防疾病，人们对健康的认识已经有了很大的转变。除了保持良好的心态、注意均衡的饮食外，定期进行身体检查也是相当重要的环节。

定期检查身体是保持健康的重要环节

崔大夫，我又来给孩子检查身体了。
很好，要定期检查和接种。

家长带孩子定期到当地保健部门进行健康检查，往往是与预防接种同时进行。一般来说，3岁前打预防针次数多，看保健医生的机会也多；3岁后就逐渐减少了，这时，家长也别忘了定期带孩子检查身体。

另外，不同国家和地区的流行病特点不同，所以预防接种程序也会有所差异。家长不要以任一地区或国家的预防接种程序作为自己孩子预防接种的蓝本，唯一可以接受的就是中国疾病预防控制中心推荐的预防接种程序，在各省市也有各自的疫苗免疫程序，比如北京市免疫规划疫苗免疫程序（见附录）。

家长们都希望孩子少生病，这个愿望应该建立在良好抵抗疾病的基础上。那么，预防疾病就成为养育中的重中之重，预防接种是促进婴儿免疫系统成熟的最好方法。

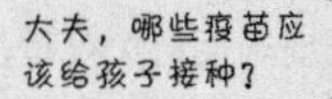

大夫，哪些疫苗应该给孩子接种？

言外之意，您认为某些疫苗是不应该给孩子接种的？

其实，预防接种是模拟严重感染性疾病的部分过程，促进婴幼儿体内产生针对相应严重感染性疾病的抵抗能力，以防严重感染性疾病的侵袭。所以，没有应该接种和不应该接种之分。

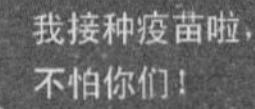

我接种疫苗啦，不怕你们！

而且，由于疫苗接种有可能不能持久保持预防能力，所以才有一种疫苗接种几次的强化接种。但是，如果不幸得了疫苗相应的严重感染性疾病，比如麻疹、水痘等，就不需再接种该种疫苗了。

常规预防接种能预防哪些疾病

现在手足口病在很多地方流行，也许不久的将来又会流行乙型脑炎、甲型肝炎、肺结核等，家长们对“预防接种”也越来越关注。

目前，常规预防接种所能预防的疾病包括：结核病、轮状病毒引起的腹泻、乙型肝炎、白喉、百日咳、破伤风、脊髓灰质炎（小儿麻痹症）、b 型流感嗜血杆菌引起的脑炎等重症感染、麻疹、腮腺炎、风疹、中耳炎、肺炎、脑膜炎、水痘、甲型肝炎、乙型脑炎、流行性脑脊髓膜炎、季节性流感等。对于特殊地区或特殊情况还可进行狂犬病、伤寒、黄热病等疾病的预防接种。

在这些疫苗中，除了结核病疫苗（卡介苗）体内抗体的监测需要进行皮肤试验外，大多数疾病疫苗的体内抗体监测可通过血液化验进行。现在比较容易测定的抗体种类包括：甲型肝炎、乙型肝炎、麻疹、风疹、腮腺炎、乙型脑炎、水痘等。

根据孩子生长发育状况，我国制定了预防接种程序。预防接种基本在 3 岁之前进行，3 岁以后虽有一些预防加强注射，但接种种类明显减少。预防接种程序的制定主要考虑的是传染病高发阶段以及预防接种后机体所产生的抗体会在人体内存留的时间等因素。只要家长遵守保健医生制订的规定，每个孩子都可按时接受不同种类的疫苗。

社区医院推荐我们打进口的自费类疫苗，有必要吗？
所有正规疫苗，不论是免费还是自费，都应给孩子按时接种。
肺炎球菌
脑膜炎
肺炎
中耳炎
有多少婴幼儿的生命被流感病毒无情夺走！预防这些疾病的疫苗都是二类自费疫苗。
轮状病毒
急性腹泻
急性脱水
二类疫苗
甲肝
肝癌
有的家长全面否定二类自费疫苗，不免有些偏见和武断！

免费疫苗与自费疫苗

很多家长都在关注是否应给婴儿接种自费疫苗的问题，目前我国防疫部门将疫苗分为两类：一类疫苗和二类疫苗。一类疫苗是免费疫苗，由国家出钱；二类疫苗是自费疫苗，由家长出钱。这种分类法只代表费用不同，管理上不同，不是科学上有区别，不代表重要性差别。

多数发达国家已实现所有疫苗免费接种，我国是发展中国家，现在还不可能做到全部免费接种，因此有免费疫苗和自费疫苗之分。但所有正规疫苗都是经过研究针对特定可引起严重疾病的细菌和病毒而言。从预防疾病的角度而言，接种自费疫苗可获得更广泛的保护。无论接种自费疫苗还是免费疫苗，都可以预防相应的疾病。如果不存在经济困难，都应该按正规研究推荐时间给孩子接种。有些疫苗是进口的，属于一类疫苗的种类，但是要像二类疫苗一样收费。具体需不需要打进口的，由家长来决定。

有的家长担心接种二类疫苗（自费疫苗）会引起孩子的不良反应，其实这种状况很少。疫苗接种后出现严重不良反应，除与疫苗质量有关外，更主要的是与接种疫苗时孩子的身体状况相关。所以，建议家长在给孩子接种疫苗前应接受医生的全面检查。另外，为避免疫苗接种后疑似不良反应，一类疫苗与二类疫苗不建议同时接种，两者的接种时间应间隔至少 15 天。

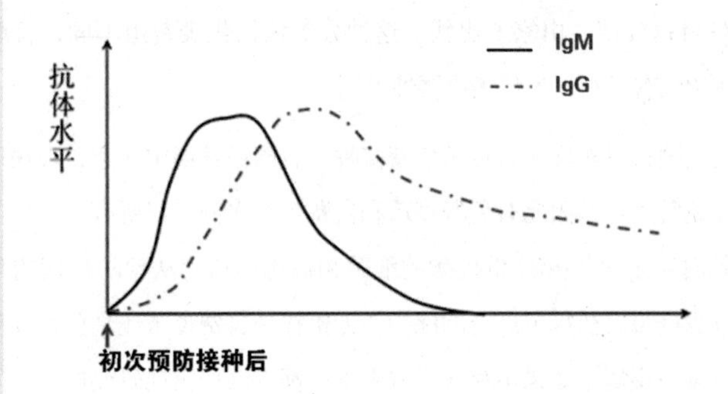
疫苗接种后的效果
抗体水平
IgM
IgG
初次预防接种后

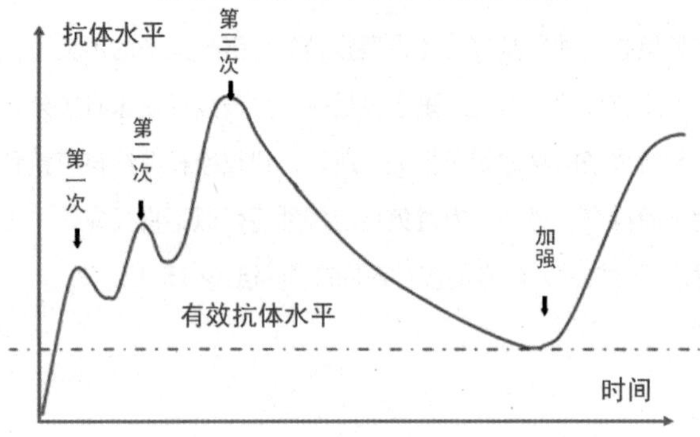
疫苗接种后的效果
抗体水平
第一次
第二次
第三次
加强
有效抗体水平
时间

监测孩子的免疫力

知道了预防接种的重要性，但是一次预防接种很难达到终身免疫，这就显示出了预防接种监测的必要性，通过检测血液中的抗体水平，判断疫苗接种的效果。那么，多大的孩子可以进行预防接种的监测呢？ 3 岁以后的儿童都可进行监测。家长不免又要问了，小婴儿就不需要监测了吗？由于小婴儿正处在预防接种期间，所以体内相应抗体水平不能指导下次的预防接种，所检测的抗体免疫球蛋白 G（IgG），还不能反映出体内相应抗体的真实水平。

抗体 IgG 是我们预防接种检测的目标。不论是患病，还是进行预防接种，机体对抗病毒或细菌后，首先产生的是抗体免疫球蛋白 M（IgM），IgM 代表短期感染的征象。抗体 IgM 在人体内存留时间有限，最终会演变成抗体 IgG。人体对抗一些病毒和细菌所产生的抗体 IgG 可在体内存留几年、十几年、几十年，甚至终生。因此，对有些疾病来说，人的一生只可能患一次，患病的时间多是在婴幼儿时期。对于这些“人的一生只可能患一次的疾病”多是较为严重的传染病，科学家已经研制出相关疫苗进行预防。

预防接种确实可以有效预防相应的传染病，但预防接种毕竟不是真正的患病，未必能够起到终身防病的效果。所以，既要按照预防接种程序进行必要的加强注射，也应在适当时候进行血液中相关疫苗抗体 IgG 的检测。这种检测应几年进行一次，对成人也不应例外。每个成人不一定具有对抗这些传染病的能力。只有保持体内相当的针对传染病的抗体 IgG 水平，才能有效预防疾病的发生。

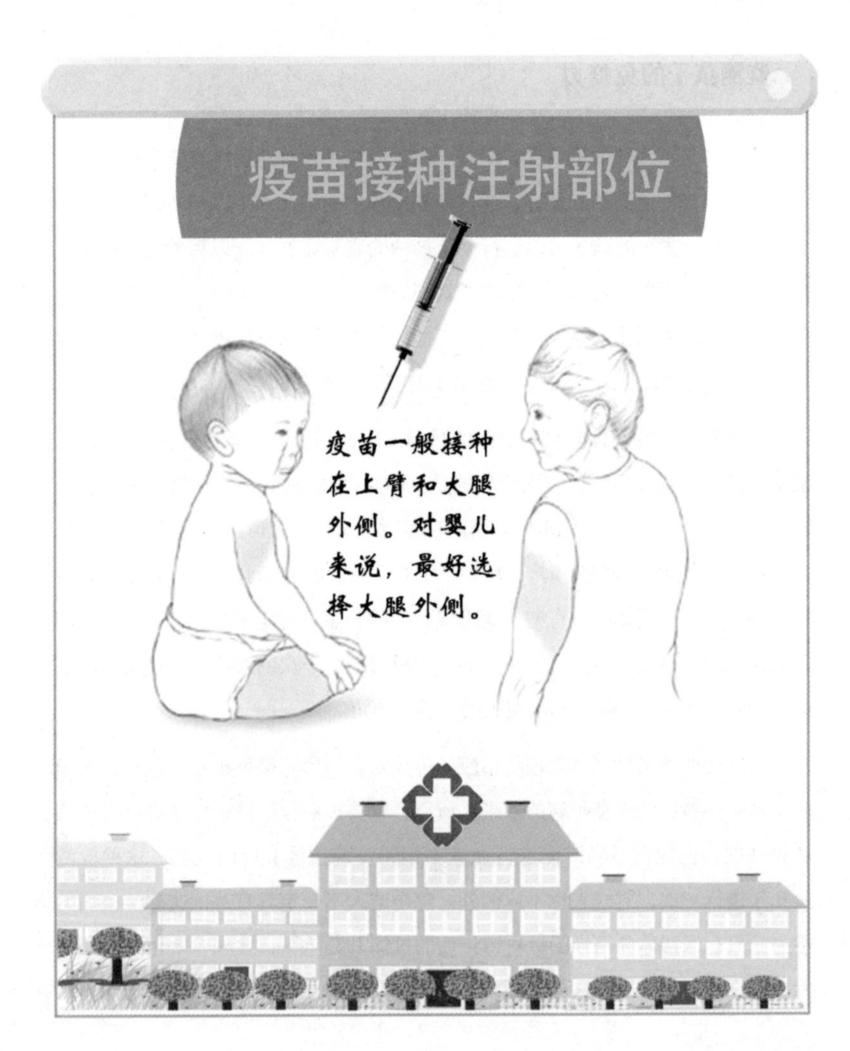
疫苗接种注射部位
疫苗一般接种在上臂和大腿外侧。对婴儿来说，最好选择大腿外侧。

2 小儿疫苗接种基础知识

- 卡介苗是减毒活疫苗制剂
- 生后即可接种
- 如生后3个月内没有接种卡介苗，需要先进行PPD皮试
- 反应过程：注射—红点—红肿—化脓—破溃—结痂
- 不能使用碘酒、酒精等消毒剂消毒

崔大夫，接种卡介苗后能给孩子洗澡吗？

接种卡介苗后，在皮肤局部反应的过程中，可以给孩子洗澡，但洗澡后应将反应局部蘸干。注意不要用邦迪覆盖。切记不要使用碘酒、酒精消毒局部，因为局部消毒会减弱卡介苗接种后效果。如果已经用碘酒、酒精消毒，那么更应在接种后3~4个月进行PPD皮试。

预防结核病毒的卡介苗

孩子出生后接种的第一种疫苗就是卡介苗，它用来预防结核病。

卡介苗疫苗在出生后不久接种。卡介苗一般接种于左上臂外侧，如果家长有特别要求或根据局部皮肤状况，也可选用其他部位。有些家长不愿意孩子今后明面上留疤，所以也可将卡介苗注射部位选择于大腿根部等，但家长一定要记住孩子的接种部位。

因为卡介苗属于“慢”反应疫苗，接受后很少出现全身不适，在接种后一个月左右会出现注射部位的局部反应，整个反应持续时间较长，在接下来的2～4个月内，逐渐出现局部红肿、化脓、破溃、结痂、留疤等过程。这种疫苗只有局部反应，无全身表现。但有些孩子没有经历这样的过程，或反应过程不明显。如果孩子的接种部位出现红肿、化脓等问题，家长切忌用碘酒、酒精消毒，这样不仅不利于伤口愈合，还会减弱卡介苗的接种效果。

对于接种卡介苗后未留下任何痕迹的孩子来说，可能因为发生反应的时间未到，有时反应是在平均反应期稍后才开始。可以在接种后3～4个月做结核菌素测试（PPD试验）接种是否成功。结核菌素测试（PPD试验）注射于左前臂内侧，注射后48～72小时，由医生测量皮试反应程度，通过注射部位局部皮肤反应，获得卡介苗接种效果的评估。如反应阴性，可考虑再次接种卡介苗。

作为结核菌素蛋白衍生物的PPD，除了可以检测卡介苗接种效果，还可

卡介苗接种后效果评估：

结核菌素测试（PPD试验）

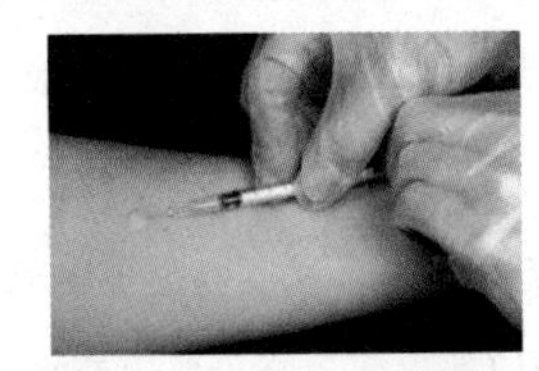

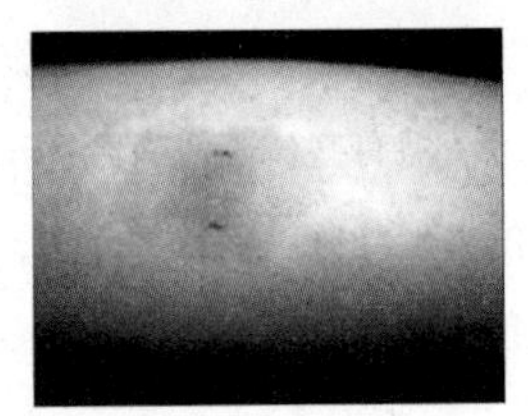

- PPD皮试时间为卡介苗注射后3～4个月；
- 皮试后48～72小时看结果；
- 6岁后每年体检可进行一次PPD皮试；
- PPD皮试不是注射疫苗，只是进行检测，对孩子没有伤害。

作为结核感染的初步测定。卡介苗接种后不仅局部反应明显，体内反应也会较强。对于没有接种过卡介苗的儿童，每年进行 PPD 检测，可以排除是否被结核杆菌感染。

现在很多西方国家不给出生后婴儿接种卡介苗。这是因为西方国家结核病发病率低，再有很多西方专家认为卡介苗预防结核效果不肯定。但是每年体检都会进行 PPD 皮肤试验检测，了解是否被结核感染。如果呈阳性，会进一步进行 X 线等检查，同时给予药物治疗。如果孩子在国内接种过卡介苗，PPD 皮肤试验在数年内应呈阳性结果，带孩子出国时，一定要记得出示卡介苗接种记录，否则国外可能会根据阳性 PPD 结果，给孩子按结核感染进行药物治疗。

为何要接种乙肝疫苗？

乙肝是一种影响肝脏的严重传染病。乙肝疫苗可以预防乙肝以及乙肝感染的严重后果，包括肝癌及肝硬化。接种疫苗后可以长期预防乙肝感染，对乙肝可能起到终身预防的作用。

什么情况下要注射乙肝病毒免疫球蛋白？

- 如果母亲自身乙肝表面抗原（HBsAg）阳性，婴儿出生后12小时内要接种乙肝疫苗和接受乙肝病毒免疫球蛋白的注射（100单位）；
- 如果母亲乙肝表面抗原（HBsAg）状态不清，出生后12小时内要接种乙肝疫苗，等母亲乙肝表面抗原（HBsAg）结果确定后，生后一周内考虑是否需要接种乙肝病毒免疫球蛋白。

乙肝疫苗

乙型肝炎是一种影响肝脏的严重传染病，它由乙型肝炎病毒导致。

乙型肝炎病毒可导致急性（短期）与慢性（长期）的感染。急性感染的症状表现为食欲缺乏、腹泻、呕吐、疲劳、黄疸、肌肉关节及胃部疼痛，在成年人中更常见，受到病毒感染的儿童通常不表现出症状。慢性感染随着病情发展可能成为慢性乙型肝炎，虽然很多人并无症状，但感染仍非常严重，并可导致肝损伤、肝硬化、肝癌甚至死亡。婴儿及儿童比成年人更常出现慢性感染。受到慢性感染的人会将病毒传染给其他人。

乙型肝炎病毒通过接触受感染人士的血液或其他液体传播，病毒可在受污染物体上生存多达 7 天，人会因接触受污染的物体而受到感染。婴儿、儿童还可能通过以下几种途径受到感染：皮肤中的裂口接触血液及体液；接触沾有血液或体液的物品，如牙刷、剃刀；注射药物时共用针头；被用过的针头刺入等。

乙型肝炎疫苗可以长期预防乙型肝炎以及乙型肝炎感染的严重后果，包括肝癌及肝硬化，并能起到终身预防作用。乙肝疫苗就是乙肝表面抗原，注入人体内会刺激人体产生表面抗体，这是乙肝疫苗接种成功的标志。有些人，包括婴儿在内，在接种常规 3 剂乙肝疫苗至少 6 个月后，体内表面抗体水平为 0，这不能说明疫苗有问题。建议再进行一轮接种，若还为 0，就不必再接种了。说明这些人对乙肝病毒不敏感。

所有婴儿都要接种乙肝疫苗，乙肝病毒免疫球蛋白只需要接种一次即可。

婴儿通常接种3个剂量的乙肝疫苗

第1剂：出生时

第2剂：1～2个月时

第3剂：6～18个月时

我是乙肝病毒携带者，我要给孩子进行抗体检测。

如果家中有乙肝病毒携带者或感染乙肝的病人，特别是妈妈自身就是携带者时，应该对已接种乙肝疫苗的孩子进行抗体检测。一般建议接种第三针后3～6个月就可抽血检测抗体水平，当然超过3～6个月的任何时候都可检测。

但是要想准确得知预防接种后相关抗体的情况，至少需要在最后一次接种后6个月才能检测出真实水平。

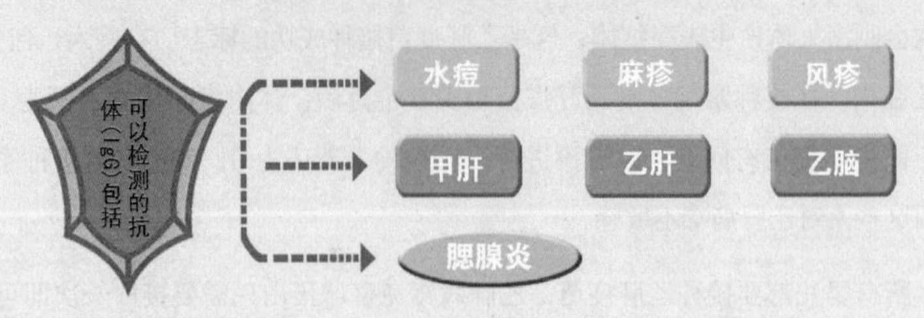

乙肝疫苗要按时接种三次，在第一剂接种后，第二剂要于出生后 1～2 个月内接种，第三剂的接种时间不应早于生后 24 周内，也不应迟于生后 1 年。对于孕妇血液乙肝表面抗原阳性者，不需要在孕末期 3 个月接受乙肝病毒免疫球蛋白的注射。当婴儿出生后，按照本书第 20 页提示的母亲自身乙肝表面抗原（HBsAg）阳性的接种要求给婴儿接种疫苗。

如果母亲已受到乙肝病毒感染，婴儿在出生时也会受到乙肝病毒的感染。那么作为乙肝病毒携带者是否可以进行母乳喂养呢？很多人没有真正了解乙肝病毒携带者和乙肝病毒感染者的区别。只要血液中乙肝病毒 DHA 载量为阴性，就说明体内没有乙肝病毒复制，就是携带者，而不是感染者，就可选择母乳喂养。在这里，不要再单独考虑大三阳还是小三阳，记住“乙肝病毒 DHA 载量”。

不论父亲为乙肝患者，还是乙肝病毒携带者，婴儿出生后都不必因此接种乙肝病毒免疫球蛋白，按照常规程序接种乙肝疫苗即可。乙型肝炎疫苗是一种非常安全的疫苗，极少会出现不适反应。

甲肝疫苗

接种对象：

- 所有儿童应在1岁至2岁之间（12至23个月）接种。
- 年满1岁以上前往甲肝发病率中等以上国家的人。
- 患有慢性肝病的人。
- 接触过甲型肝炎病毒的未接种疫苗的人。

甲肝疫苗在有些地区是自费疫苗，不接种也可以吗？

- 有多少甲肝病人“治愈”后若干年又出现肝硬变、肝癌？有多少婴儿被流感病毒夺去了生命？有多少婴儿被轮状病毒侵袭导致腹泻和急性脱水，甚至危及生命？
- 这些都是二类疫苗。
- 不能武断说二类疫苗不需要接种。

家长需注意，任何情况下都不得向未满1岁的儿童接种甲型肝炎疫苗！

甲肝疫苗

甲型肝炎是由甲型肝炎病毒（HAV）引发的严重肝病，患上甲型肝炎的人往往病情严重，需要住院治疗，甚至可能致命。

甲型肝炎病毒（HAV）存在于甲型肝炎患者的大便中，通常通过与人密切接触进行传播，也可能通过食入含有甲型肝炎病毒（HAV）的食物或水进行传播。因此，患有甲型肝炎的患者很容易将甲型肝炎传染给共居一室的其他人。甲型肝炎可引起“流感类”疾病、黄疸、剧烈胃痛及腹泻（多见于儿童）。

甲型肝炎疫苗可以预防甲型肝炎，幼儿的常规接种，如甲型肝炎灭活疫苗，可在出生后 18 个月和 24 个月分别接种两次。但家长需注意，任何情况下都不得向未满 1 岁的儿童接种甲型肝炎疫苗！

接种甲型肝炎疫苗后，接种部位可能会有痛感，还可能会伴有头疼、食欲缺乏及疲倦等不适反应，但这些不适反应通常会在 1 天或 2 天内消失。疫苗与任何药物相同，也可能引发问题，例如过敏反应，但接种甲肝疫苗还是比患病安全得多。

接种甲肝疫苗后，如果有严重的过敏反应，会在接种后几分钟至几个小时内出现，但这种状况非常罕见，一旦引起严重过敏反应，要及时送医！

脊髓灰质炎疫苗分为：

口服减毒脊髓灰质炎疫苗（OPV）

接种时间为出生后满2、3、4个月和4岁

灭活脊髓灰质炎疫苗（IPV）

推荐接种时间：生后满2、4、6个月，15～18个月和4～6岁

崔大夫，脊髓灰质炎疫苗，是吃糖丸好还是打针好啊？听说国外很久以前就没吃糖丸了。宝宝马上就要选择脊灰疫苗了，着急啊！
如果接种疫苗的机构有注射型脊髓灰质炎疫苗，家里又没有经济负担问题，注射型脊髓灰质炎疫苗（IPV）比口服型（OPV）效果好。

预防小儿麻痹的脊髓灰质炎疫苗

小儿麻痹症是一种由病毒引起的疾病，其病从口入。这种病可能导致脑膜炎，严重的甚至会导致患者瘫痪，甚至死亡。在脊髓灰质炎疫苗出现前，小儿麻痹致人瘫痪及死亡的数量极多。目前，小儿麻痹症在发达国家已经基本被消除，但是在部分国家仍然比较常见。接种疫苗可以有效预防这种病毒。

用来预防小儿麻痹症的脊髓灰质炎疫苗，有两种疫苗可供选择：口服减毒脊髓灰质炎疫苗（OPV）与灭活脊髓灰质炎疫苗（IPV）。前者为减毒活疫苗制剂，常规接种时间为出生后满 2、3、4 个月和 4 岁；后者的推荐接种时间为生后满 2、4、6 个月，15 ~ 18 个月和 4 ~ 6 岁。对于脊髓灰质炎疫苗来说，口服的减毒活疫苗（OPV）和注射型的死疫苗（IPV）效果是一致的。OPV 属于一类疫苗，目前属常规推荐，但牛奶过敏、腹泻、免疫低下的婴儿不能接种。IPV 属于二类疫苗，也就是自费疫苗，没有特别禁忌。除了单独的 IPV，还有百白破 +b 型流感嗜血杆菌 + 脊髓灰质炎的五联疫苗。注射五联疫苗可以代替常规的单独接种。孩子满两个月即可接种五联疫苗，一岁内 3 次，间隔 4 ~ 12 周，生后 15 ~ 18 个月接种第四次，注射后有可能出现发热，注射局部短时出现硬结，如果体温超过 38.5℃，可服退热药。

现在很多国家已将口服脊髓灰质炎疫苗（OPV）换成注射型疫苗（IPV），但目前我国的计划免疫程序内提供的仍然是口服剂型。有些地方已经能够得到进口的注射型脊髓灰质炎疫苗，如果家长要想选择注射型，可以与当地保健部

宝宝现在3个月，服用小儿麻痹糖丸后腹泻，水花样，一天8～9次，4个月的还能不能给他服用？

如果疫苗接种后出现明显不良反应，比如口服疫苗后出现严重腹泻、全身出现严重皮疹等，就应与当地预防接种部门联系，考虑改换疫苗剂型，比如口服脊髓灰质炎改成注射疫苗，或者停止以后疫苗接种。

口服的可以改为注射的吗？

目前还没有研究显示在口服OPV后就不能换为IPV注射。对牛奶过敏者、服OPV后出现严重腹泻等不良反应时，应接受IPV。所有的婴儿都可以接受IPV。目前，OPV是免费疫苗，而IPV为自费疫苗。

门联系，按时接种注射型脊髓灰质炎疫苗。

如果接种疫苗的机构有注射型脊髓灰质炎疫苗，家里又没有经济负担问题，那么还是推荐注射型脊髓灰质炎疫苗（IPV），因为它比口服型脊髓灰质炎疫苗的效果要好、更安全。对灭活脊髓灰质炎疫苗（IPV）的任何成分（包括抗生素新霉素、链霉素或多粘菌素 B）出现危及生命的过敏反应的人士以及在之前脊髓灰质炎疫苗接种中有严重过敏反应的人不应接种该疫苗。患有中度或重度疾病的人应该等到康复后接种，但患有轻微感冒的人可以接种。该疫苗也可以和其他疫苗一起接种。

虽然部分人会感觉接种部位有痛感，但脊髓灰质炎疫苗导致严重伤害的风险极小。如果发生严重过敏反应，过敏反应将在接种后几分钟至数小时内发生。严重过敏反应的迹象包括呼吸困难、虚弱、声音嘶哑或喘息、心跳加速、荨麻疹、眩晕、脸色苍白或喉咙肿胀。如果出现以上症状，要立即送医！

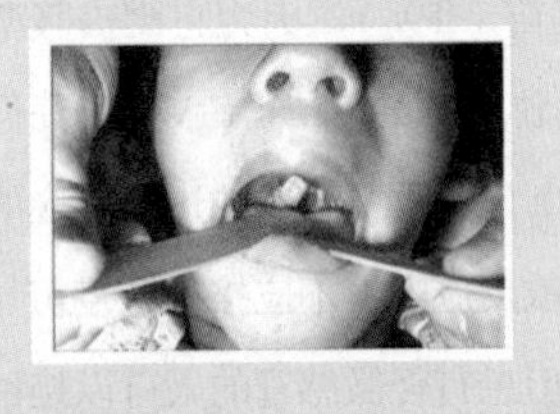

白喉会在喉咙后部形成一层很厚的覆盖层，会导致呼吸问题、麻痹、心脏衰竭，甚至死亡。

百日咳会引起剧烈的咳嗽，致使婴儿无法进食、饮水或呼吸，剧烈的咳嗽可持续数周，甚至可能导致肺炎、癫痫发作、大脑损伤和死亡。

破伤风会引起肌肉疼痛性紧缩，通常为全身肌肉收缩，可能导致下巴紧闭，使患儿无法开口或吞咽。

预防百日咳、白喉、破伤风的百白破三联疫苗

百日咳、白喉和破伤风是细菌引起的严重疾病，白喉和百日咳会在人群之间传染，破伤风则是通过切口或伤口进入体内传染。

白喉会在喉咙后部形成一层很厚的覆盖层，会导致呼吸问题、麻痹、心脏衰竭，甚至死亡；破伤风会引起肌肉疼痛性紧缩，通常为全身肌肉收缩，可能导致下巴紧闭，使患儿无法开口或吞咽，破伤风的死亡率最多为 20%；百日咳会引起剧烈的咳嗽，致使婴儿无法进食、饮水或呼吸，剧烈的咳嗽可持续数周，可能导致肺炎、癫痫发作、大脑损伤和死亡。

预防这些疾病的疫苗推荐选用无细胞百白破的百日咳、白喉、破伤风三联疫苗，这种疫苗要在出生后满 3、4、5 个月和 18 个月进行接种。

前面已经提到，目前已有白喉、百日咳、破伤风、脊髓灰质炎和 b 型流感嗜血杆菌五联疫苗。家长为了减少预防接种次数可以选择五联疫苗。五联疫苗作为一种制剂，所含防腐剂、添加剂明显少于各单独疫苗的防腐剂、添加剂之和，安全性得到了提高，但价格较高。

接种时要注意以下问题：

●在接种一剂后出现严重过敏反应的儿童，不应继续接种。

●接种一剂后七天内患大脑或神经系统疾病的儿童，不应继续接种。

●接种一剂后出现癫痫发作或虚脱、持续哭闹 3 小时或 3 小时以上、发烧

百白破三联疫苗

- 预防白喉、百日咳、破伤风，推荐选用无细胞百白破的白喉、百日咳、破伤风三联疫苗（DTaP）
- 出生后满3、4、5个月和18个月进行接种
- 现在已有白喉+百日咳+破伤风+灭活脊髓灰质炎+b型流感嗜血杆菌的五联疫苗

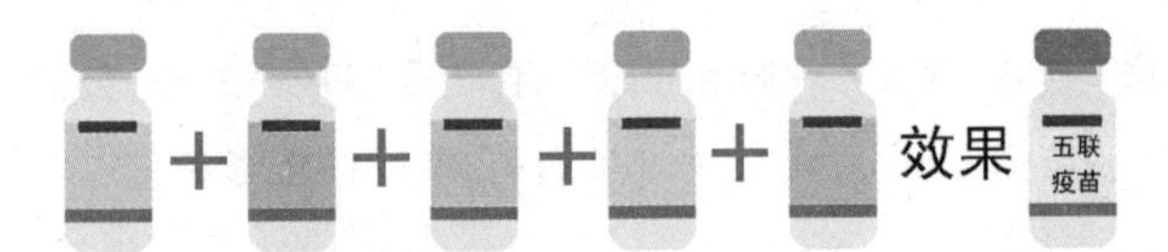

注射五联疫苗可替代常规推荐的百白破、脊灰疫苗。孩子满两个月即可接种，一岁内3次，每次间隔4至12周。生后15~18个月接种第四次。

接种五联疫苗的好处：

1. 联合疫苗属于一种疫苗，可减少注射疫苗的次数；
2. 其中防腐剂、添加剂要比几种疫苗加起来要少，也就是说安全性有所提高。

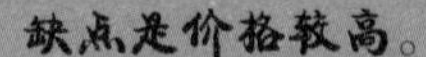

缺点是价格较高。

超过 41℃等症状时，要向医生咨询。

●患轻微疾病（如感冒）的儿童可接种，但患中度或严重疾病的儿童应等康复以后再接种。

百白破三联疫苗也可能产生过敏反应，但导致严重伤害的风险极小。注射后有可能出现发热、注射局部短时出现硬结等。如果体温超过 38.5℃，可以服用退热药。接种第 4、5 剂疫苗之后会比前几剂更容易出现上述反应，接种疫苗的整个手部或腿部会出现肿胀现象，并可能持续 1 ~ 7 天。其他的轻微反应有烦躁不安、疲倦或食欲缺乏、呕吐。这些不适反应通常会在接种后 1 ~ 3 天出现。

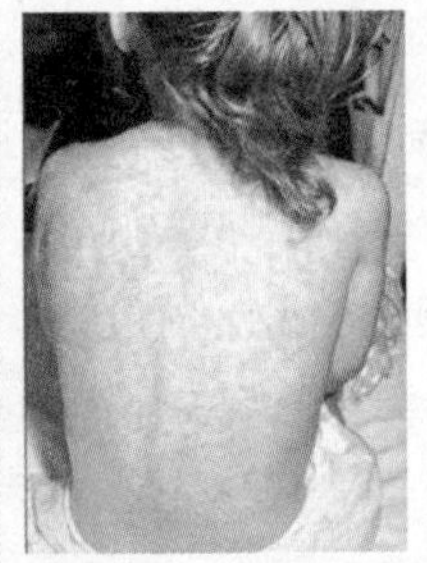

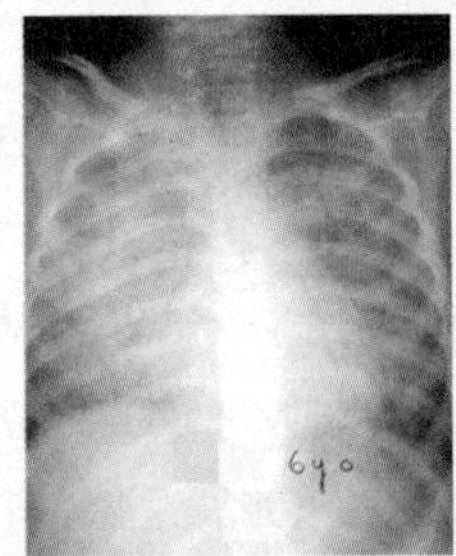

麻疹病毒会引起皮疹、咳嗽、流鼻涕、眼睛发炎及发烧，还可能导致耳朵感染、肺炎、癫痫、脑损伤甚至死亡。

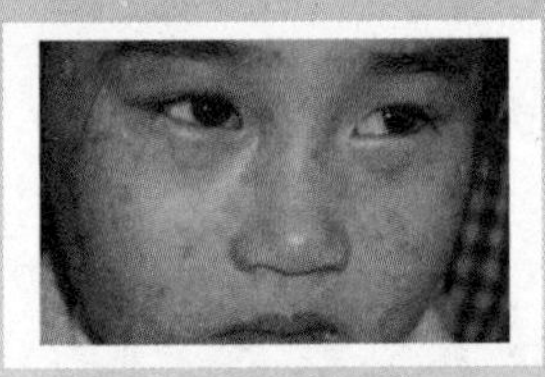

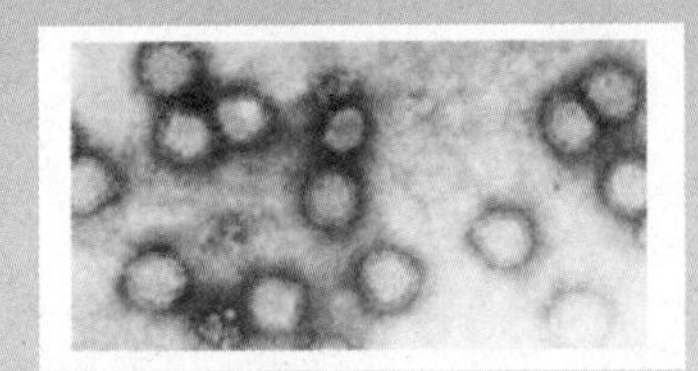

风疹病毒会引起皮疹、关节炎及低烧。

流行性腮腺炎病毒会引起发烧、头痛、肌肉疼痛、食欲缺乏及腺体肿大，还可能导致失聪、脑膜炎、睾丸或卵巢肿痛及不育。

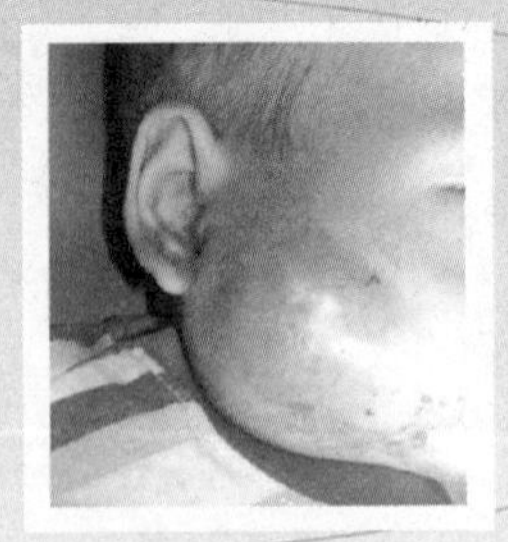

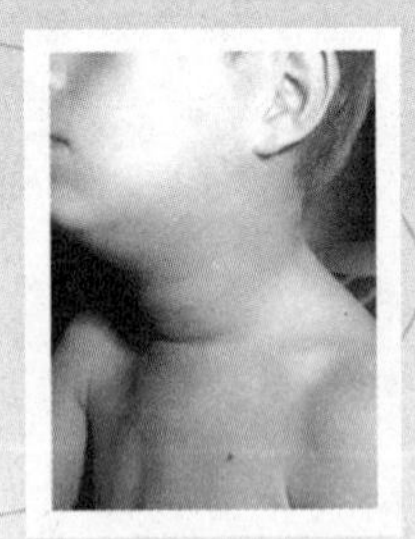

预防麻疹、风疹、腮腺炎的麻风腮三联疫苗

麻疹、风疹及流行性腮腺炎均为严重疾病，在疫苗出现前，这些疾病在儿童中都非常常见。

麻疹病毒会引起皮疹、咳嗽、流鼻涕、眼睛发炎及发烧，还可能导致耳朵感染、肺炎、癫痫、脑损伤及死亡。流行性腮腺炎病毒会引起发烧、头痛、肌肉疼痛、食欲缺乏及腺体肿大，还可能导致失聪、脑膜炎、睾丸或卵巢肿痛及不育。风疹病毒会引起皮疹、关节炎及低烧，如果女性在怀孕时感染风疹，可能导致流产或胎儿严重先天缺陷，因此，女性在孕前要做的怀孕准备中，就包括预防接种这一项，如果风疹抗体低可接种风疹疫苗，以免因怀孕早期风疹感染引起婴儿先天性心脏病。

麻疹、流行性腮腺炎及风疹会经空气在人与人之间传播。麻疹、流行性腮腺炎及风疹疫苗（MMR）可为儿童及成人预防这三种疾病。

麻风二联和麻风腮三联疫苗均为减毒活疫苗制剂，现在，麻风二联疫苗已基本替代麻疹疫苗，接种时间为出生后满 8 个月；如果接种过麻风二联疫苗，18 个月接种麻风腮三联疫苗；如果未曾接种过麻风二联疫苗，满 1 岁即可接种麻风腮三联疫苗（MMR），第一剂接种时间应该在 12 ~ 15 个月时，第二剂接种时间可安排在 4 ~ 6 岁时。不足 12 个月的婴儿如果要出国旅行，必须接种麻风腮疫苗时，可接种一剂，这一剂不计入常规接种组内。

如果在预定接种时间患病，要等康复后再接种。另外，孕妇不应接种，接

麻风二联和麻风腮三联疫苗

- 均为减毒活疫苗制剂
- 麻疹、风疹二联疫苗已基本替代麻疹疫苗，接种时间为生后满8个月
- 如果接种过麻风二联疫苗，18个月接种麻风腮三联疫苗
- 如果未曾接种过麻风二联疫苗，满1岁即可接种麻风腮三联疫苗(MMR)

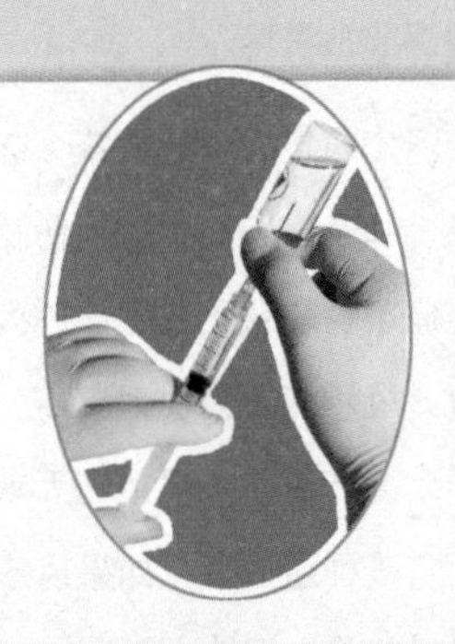

崔大夫，孩子爸爸不知道昨天孩子打了预防针，给孩子洗了澡，今天发现注射部位红肿，孩子老挠，要紧吗？怎么办？

虽然不推荐预防接种当天给孩子洗澡，但其实洗了澡问题也不大，只要不是长时间浸泡注射局部即可。预防接种后注射局部红肿是常见现象，用凉毛巾敷局部，有利于限制红肿状况。

种需等到产后。备孕女性应避免在接种 MMR 疫苗后 4 周内怀孕。

麻风腮三联疫苗（MMR）也可能产生过敏反应，但导致严重伤害的风险极小。接种儿童可能会在接种后 6 至 14 天内出现轻微发烧、轻度皮疹、面部或头部腺体肿大。接种第二剂后发生反应的概率较小。总之，接种麻风腮三联疫苗（MMR）比罹患麻疹、风疹或流行性腮腺炎要安全得多！

乙型脑炎

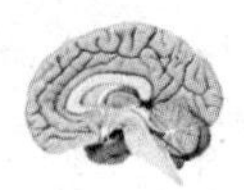

- 由嗜神经的乙脑病毒所致的中枢神经系统性传染病
- 经蚊子等吸血昆虫传播
- 主要流行于夏秋季
- 多发生于儿童

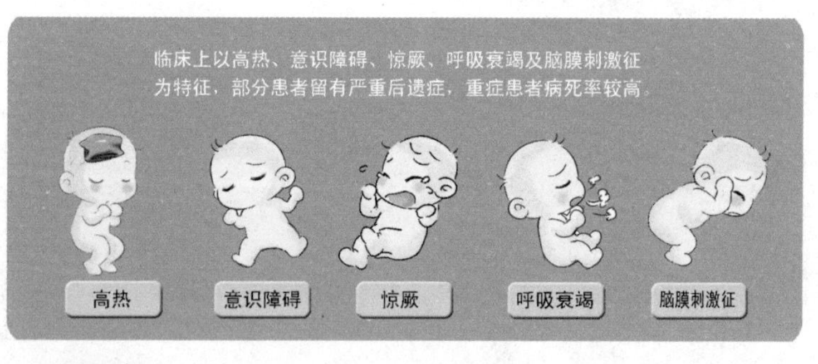
临床上以高热、意识障碍、惊厥、呼吸衰竭及脑膜刺激征
为特征，部分患者留有严重后遗症，重症患者病死率较高。
高热
意识障碍
惊厥
呼吸衰竭
脑膜刺激征

1935年在日本发现，故又称为日本乙型脑炎。
接种时间：生后8个月以上，一共2~3次。

乙型脑炎疫苗

乙型脑炎是一种由嗜神经的乙脑病毒所致的中枢神经系统性传染病，主要发生在亚洲的农村。因为 1935 年首次在日本发现，所以又被称为日本乙型脑炎。乙型脑炎无法直接在人群之间传染，会经蚊子等吸血昆虫传播，主要流行于夏秋季，多发生于儿童。

大部分受到乙型脑炎病毒感染的人完全没有任何症状，有的人感染后则可能产生从发烧、头痛到严重脑部感染的病状。乙型脑炎以高热、意识障碍、惊厥、呼吸衰竭及脑膜刺激征为特征，部分患者留有严重后遗症，重症患者病死率较高。感染的孕妇可能会伤及腹中胎儿。

预防乙型脑炎的疫苗已问世数年，目前主要使用的乙脑疫苗有减毒活疫苗和灭活疫苗。接种时间为生后 8 个月以上和 1 年后，可接种 2～3 次。曾经对这种脑炎疫苗有危及生命反应的人，不应该再接种下一剂疫苗。曾经对任何疫苗成分有危及生命过敏反应的人，不应该接种该疫苗。孕妇不应该接种该疫苗，孕妇接种时需要和医生沟通。

接种乙型脑炎疫苗可能会有轻微反应，比如注射部位疼痛或红肿、头疼、肌肉痛，但产生严重反应的可能性极小。

轮状病毒疫苗

在轮状病毒疫苗问世之前，轮状病毒在美国每年导致40多万次就诊，20多万人次急诊，5.5万到7万人次住院，以及20～60例死亡，几乎所有美国儿童在5岁之前都会感染轮状病毒。

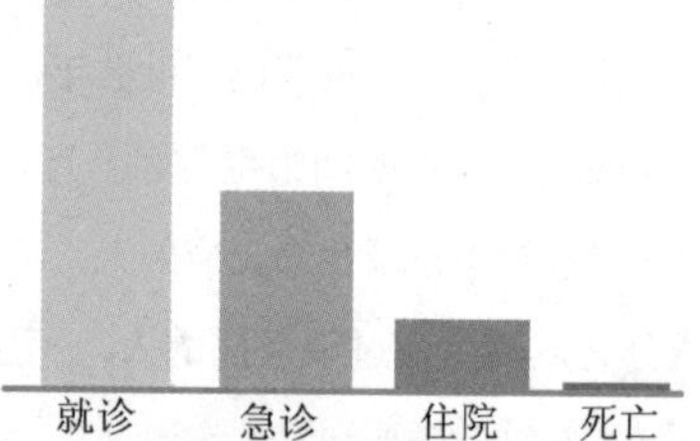

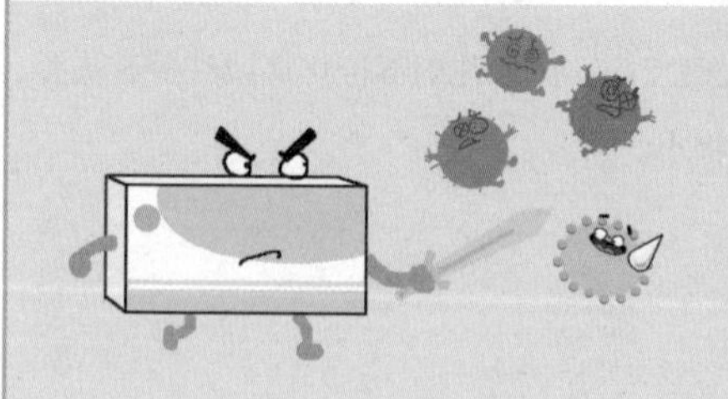

2006年美国开始使用轮状病毒疫苗，截至2010年，该疫苗使因轮状病毒疾病而需要急症护理或住院的婴幼儿数目减少了约85%。

轮状病毒疫苗

轮状病毒是一种导致婴幼儿腹泻，甚至是严重腹泻的病毒。婴幼儿轮状病毒腹泻时经常伴随呕吐和发烧，也可能导致脱水。轮状病毒不是引起腹泻的唯一原因，但却是最严重的原因之一。轮状病毒感染也被称作“秋季腹泻”，其实在一年四季都可能发生，但秋末冬初是高发季节。轮状病毒性胃肠炎既可通过消化道传染，也可通过呼吸道传染，所以有防不胜防的感觉。研究表明，改善环境卫生并不能有效减少轮状病毒引起的腹泻，保护宝宝免遭轮状病毒侵袭的最好方式就是接种轮状病毒疫苗。

进口轮状病毒疫苗的接种时间在出生后满 2 个月、4 个月，或 6 个月时，第一剂最早可在婴儿 6 周大时注射，并应在 14 周零 6 天之前注射，最后一剂应在婴儿 8 个月大之前注射。国产轮状病毒疫苗是减毒重组的活疫苗，是一种口服制剂，主要用于 6 个月～5 岁以下婴幼儿，用量为每人一次口服 3ml，直接喂于婴幼儿，切勿用热水送服。

服用轮状病毒疫苗后，可刺激体内产生抗体以预防轮状病毒性胃肠炎。轮状病毒疫苗不能防止其他病毒引起的腹泻或呕吐，但是对预防轮状病毒引起的腹泻和呕吐效果良好。实际上接种后不一定能获得 100% 的预防效果，但接种后再次受轮状病毒感染时，症状会较轻，病程也一定会缩短。家长要明白这一点，接种任何疫苗后都不可能百分之百地预防相关疾病，但是却会百分之百地减轻疾病发生的程度。大多数接受这种疫苗的婴儿都不会发生轮状病毒腹泻，

接种轮状病毒疫苗

国产轮状病毒疫苗是减毒重组的活疫苗

1. 接种对象　　主要用于6个月～5岁以下婴幼儿

2. 使用方法　　直接喂于婴幼儿，用量为每人每次口服3ml，切勿用热水送服

3. 禁忌症　　有以下症状和疾病的患儿禁用：

①患严重疾病、急性或慢性感染者　②患急性传染病及发热者

③先天性心血管系统畸形患者，血液系统、肾功能不全患者

④严重营养不良、过敏体质者　⑤消化道疾患，肠胃功能紊乱者

⑥有免疫缺陷和接受抑制治疗者

注意事项

①接种过其他疫苗者，应间隔2周以上方可接种本疫苗

②请勿用热开水送服，以避免影响疫苗免疫效果

③玻璃瓶开启后，疫苗应在1小时内用完

④本疫苗为口服疫苗，严禁注射

而且几乎不会发生严重的轮状病毒性腹泻。疫苗服用后数月内，大便中会查到轮状病毒抗原。

研究显示，婴儿在接种一剂轮状病毒疫苗后，可能会变得烦躁，或是出现轻微、暂时性的腹泻和呕吐。患有轻微疾病的婴儿通常可以接受疫苗，患中度或重度疾病的婴儿，应等康复后再接种疫苗，这包括中度或重度的腹泻和呕吐。患有“严重复合免疫缺乏症”(SCID)的婴儿不应接受轮状病毒疫苗。对轮状病毒疫苗有严重过敏，甚至危及生命的婴儿不宜接种轮状病毒疫苗，所以家长要留意宝宝是否出现了中度或严重过敏反应。可以通过以下症状来判断：

1. 家长要在接种第一剂后的一周内，观察宝宝是否伴随严重哭闹（可能很短暂）的胃痛、多次呕吐，或便血。宝宝可能会变得虚弱或爱发脾气。

2. 要留意任何不寻常的情况，例如严重的过敏反应或高烧。如果出现严重的过敏反应，应该会在疫苗注射后几分钟到几小时内发生。严重过敏反应包括呼吸困难、虚弱、声音嘶哑或有喘鸣音、心跳过速、荨麻疹、头晕、苍白或喉咙肿胀。

如果出现以上症状，要立即送医！

（请参考《崔玉涛图解家庭育儿 3（口袋版）：直面小儿肠道健康》第二章。）

b型流感嗜血杆菌感染（Hib）

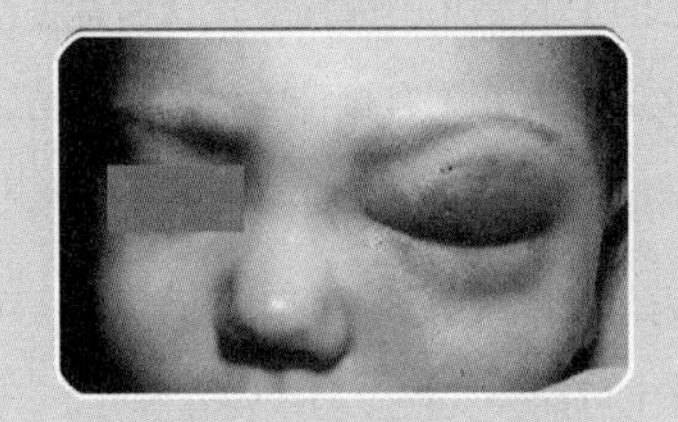

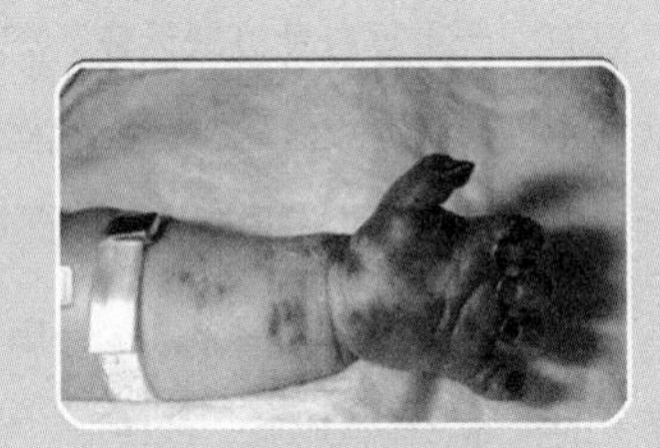

b型流感嗜血杆菌容易导致中耳炎、肺炎、脑膜炎，染病的通常是5岁以下的孩子。在感染这种病毒后，如果病菌仅停留在鼻腔或咽喉中，不会危害到孩子的健康。

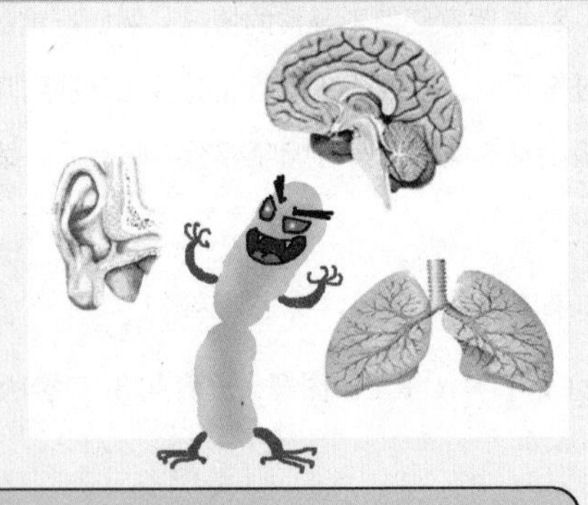

但若这种病菌进入肺部或血液中，就会产生严重的问题。

b 型流感嗜血杆菌疫苗

b 型流感嗜血杆菌属于细菌。与平常提及的流感不同，b 型流感嗜血杆菌（Hib）可导致中耳炎、肺炎、脑膜炎，染病的通常是 5 岁以下的儿童。这种病菌通过人与人之间的接触而传播，孩子在感染这种病菌后，如果病菌仅停留在鼻腔或咽喉中，不会危害到孩子的健康，但若这种病菌进入肺部或血液中，就会产生严重的问题。

b 型流感嗜血杆菌结合疫苗（Hib）可以有效预防此病。欧美国家二十世纪七十年代开始接种此疫苗，发现婴幼儿中肺炎发病率明显下降。我国现已向婴幼儿推荐此疫苗，但此疫苗属于二类疫苗，建议家长与当地预防接种部门联系，按时给婴儿接种。

根据美国儿科学会（AAP）的建议，Hib 病疫苗的标准接种时间为出生后满 2、4、6 个月和 12～15 个月。此疫苗起始接种的时间不同，接种剂次与间隔时间也有差别，如果起始接种月龄在 2～5 月龄，就需要接种 4 剂，前 3 剂各剂之间间隔 1～2 个月，第 4 剂在 18 月龄接种；如果起始接种月龄在 6～11 月龄，只需接种 3 剂，前 2 剂之间间隔 1～2 个月，第 3 剂在 18 月龄接种；起始接种月龄在 12 月龄～5 岁，那么只需接种 1 剂。最早接种时间为生后 6 周；如果婴儿不足 12 月龄，第二剂和第一剂间隔最短时间为 4 周，第三剂和第二剂间隔最短时间也为 4 周。如果漏掉一次接种或者接种时间延误，要尽快接种下一剂疫苗，不需要重新开始接种。年龄超过 5 岁的儿童通常不需要接种 Hib

b型流感嗜血杆菌疫苗（Hib）

起始接种月龄	接种剂次	剂次间隔
2～5月龄	4剂	前3剂各剂之间间隔1～2个月，第4剂在18月龄接种
6～11月龄	3剂	前2剂之间间隔1～2个月，第3剂在18月龄接种
12月龄～5岁	1剂	——

崔大夫，注射了Hib还需要给孩子注射7价肺炎疫苗吗？
Hib是b型流感嗜血杆菌的代号，7价肺炎是肺炎球菌的代号。虽然这两类细菌都可引起肺炎、中耳炎、脑膜炎，但是终究为不同细菌。接种一种疫苗不能替代另外一种。

病疫苗。

但是，也有一些情况不应该接种 Hib 病疫苗：接种 Hib 病疫苗后曾发生严重过敏反应时不应再次接种；年龄不满 6 周的婴儿不应接种；在预定接种时间患有中度及严重疾病的儿童，应等疾病痊愈后再接种。

接种 Hib 病疫苗后，可能会在注射部位出现发红、发热或者肿胀，也有可能发烧超过 38℃，如出现这种反应，应该是在接种后的第 1 天，这种症状可能持续 2 至 3 天。

我国现已进口的 Hib 病疫苗和百白破、脊髓灰质炎和 Hib 五联疫苗，如果家长要想选择，可以与当地预防保健部门联系。Hib 病疫苗导致严重伤害的可能性极小，如有发生，要及时送医！

肺炎球菌感染

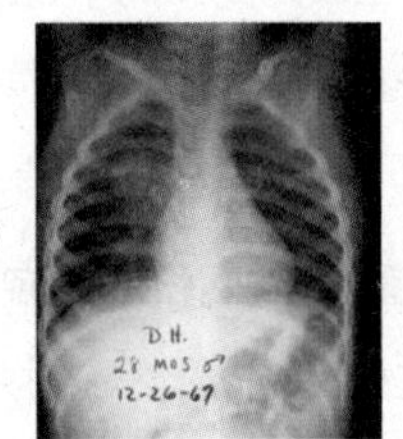

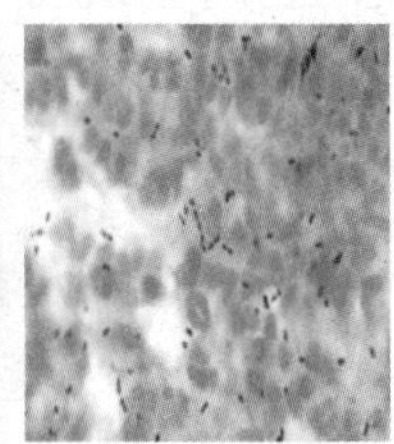

5岁以下儿童均应接种7价或13价肺炎球菌疫苗
23价肺炎球菌疫苗只针对免疫功能低下或患有慢性疾病的高危人群。

起始 接种月龄	接种 剂次	剂次间隔
3～6月龄	4剂	前3剂各剂之间间隔≥1个月， 第4剂在12～15月龄接种
7～11月龄	3剂	前2剂之间间隔≥1个月， 第3剂在13月龄后接种，与第2剂间隔≥2个月
12～23月龄	2剂	2剂之间间隔≥2个月
24月龄～5岁	1剂	——

肺炎球菌疫苗

肺炎属呼吸道炎症，常为细菌感染所致。肺炎球菌是引起肺炎、中耳炎、脑膜炎等的一类细菌，接种了肺炎球菌疫苗只能避免或减少此种细菌引起的肺炎、中耳炎或脑膜炎，并不能预防所有肺炎。2 岁以下幼儿罹患严重疾病的风险高于年龄较大的儿童。

肺炎球菌分成很多血清型，也就是我们经常说的“价”，7 价肺炎球菌疫苗（PCV7）预防其中的 7 型,13 价肺炎球菌疫苗（PVC13）预防其中的 13 型，这两种肺炎球菌疫苗适于 5 岁以下的婴幼儿；2 岁以后为免疫功能低下和慢性疾病人群预防接种的是 23 型，也就是说只有 2 岁以后的儿童、成人、老年人患有慢性疾病，比如糖尿病、先心病、慢性肾病、免疫功能低下等，才应该接种 23 价肺炎疫苗，没必要全民接种。建议十年接种一次。

7 价肺炎疫苗适用于所有婴幼儿，常规接种时间为出生后满 2、4、6 个月和 12 至 15 个月，共 4 次。如果没有按时接种，5 岁内都可接种，但是接种次数与最初接种年龄有关：如果起始接种月龄在 3～6 月龄，需要接种 4 剂，前 3 剂各剂之间间隔≥ 1 个月，第 4 剂在 12～15 月龄接种；如果起始接种（月龄）在 7～11 月龄，只需接种 3 剂，前 2 剂之间间隔≥ 1 个月，第 3 剂在 13 月龄后接种，与第 2 剂间隔≥ 2 个月；起始接种（月龄）在 12～23 月龄，那么只需接种 2 剂，2 剂之间间隔≥ 2 个月；起始接种（月龄）在 24 月龄～5 岁，那么只需接种 1 剂。

宝宝打了小儿肺炎球菌疫苗后，是不是以后发烧感冒都不会得肺炎了？

肺炎球菌疫苗只针对肺炎球菌引起的肺炎、中耳炎、脑膜炎等。引起肺炎的病菌种类很多，千万不要认为接种过肺炎疫苗就不会得肺炎了。

肺炎7价的现在升级成13价了吗？

现在中国进口的针对婴幼儿的肺炎疫苗仍然是7价，还没有13价。13价的预防范围较7价广些，但实质上没有太大的不同。如果7价和13价交替接种不会出现任何不良效果。

接种 7 价肺炎疫苗后，孩子多少都会有一些不适，包括食欲变差、睡眠不安、发热等。当体温超过 38.5℃时，在多给孩子喝水和物理降温的基础上，可服用退热剂。一般疫苗反应在接种后 2～3 天内消失。

目前我国将 7 价肺炎疫苗列入二类疫苗，属于自费疫苗。所有正规疫苗，不论是一类还是二类，都应给孩子按时接种。

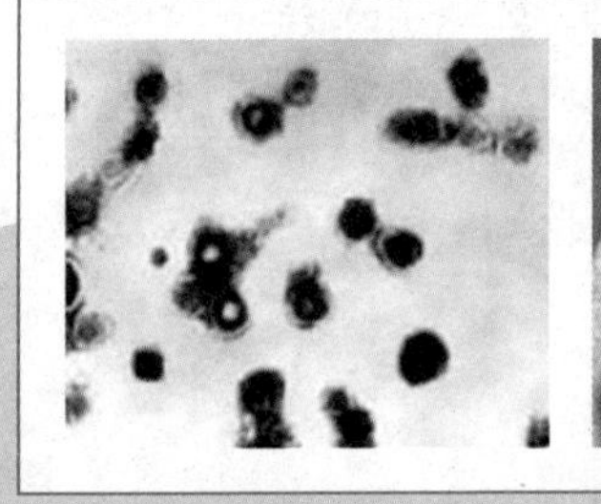

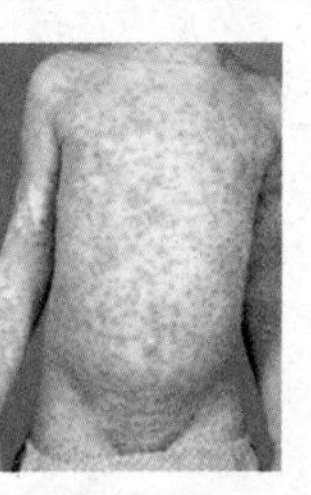

水痘会引起皮疹、瘙痒、发烧和疲倦，还可能导致严重的皮肤感染、疤痕、肺炎等。

水痘疫苗

- 水痘疫苗为减毒活疫苗
- 满1岁婴儿即可接种水痘疫苗
- 1岁接种一次，4～6岁加强一次

水痘疫苗

水痘是带状疱疹病毒引起的急性、主要通过呼吸道传播的传染性疾病，是一种儿童常见疾病，它通过空气或接触到脓疱破裂后流出的液体在人群中传播，我们一般所说的通过洗手或把家里清洁干净的方式预防感染对这种病毒是无效的。

水痘会引起皮疹、瘙痒、发烧和疲倦，还可能导致严重的皮肤感染、疤痕、肺炎等。宝宝感染水痘后，会出现典型的三期疹子：丘疹、水泡和结痂，它们几乎同时存在，不难诊断和治疗。但病愈后，病毒仍会存留于神经节内。当人体免疫低下时引起带状疱疹，可反复出现。如果患水痘的孩子没有高热或其他不适，家长不需要惊慌，5～7天就会消退。只要不抓破，水痘部位今后不会留痕迹。

接种水痘疫苗不仅可预防水痘，也可预防成人带状疱疹。水痘疫苗是一种减毒活疫苗，常规接种推荐时间是1岁接种一次，4～6岁再加强一次，一共两次。1岁以后任何年龄的儿童和成人，只要没有接种过水痘疫苗，又未曾患过水痘者都可接种水痘疫苗。如果4岁以上未曾接种者，可连续接种两次，时间间隔4周。已患过水痘者无须接种水痘疫苗。

即使接种过水痘疫苗也有可能再出水痘，但大多数接种过水痘疫苗的人都不会再得，即便得了，症状也很轻微，通常脓疱较少，不会发烧，并且很快就能复原。

孩子患水痘该如何护理？

水痘侵犯全身皮肤，同时出现红疹、水泡和结痂的皮肤损伤。出水痘时，注意皮肤清洁，保持皮肤干燥，预防细菌感染极为重要。

此间，如果高热可服退热药；皮疹发痒，可服抗组胺药物，例如仙特明等。最好不要在破溃的皮肤上涂药。

出现严重咳嗽或神经系统表现时，需要就诊。

家长接触患水痘等传染病的病人后，如何避免传给自己的宝宝呢？

水痘等会通过呼吸道传播，一般成人体内已有抗体，所以即使遇到患者也不会生病，但上呼吸道内可能携带病菌。如果回家前在外面适当多逗留一点时间、回家后洗澡，用淡盐水漱口、清洗鼻子，会减少宝宝被传染的可能。

了解水痘

1.水痘是一种通过呼吸道感染的病毒引起的全身性的疾病，典型的特征就是皮肤的三期疹子。

红点

水泡

2.这三期是红点、水泡，以及水泡破溃以后的结痂，三期疹子是判断水痘最主要的证据。

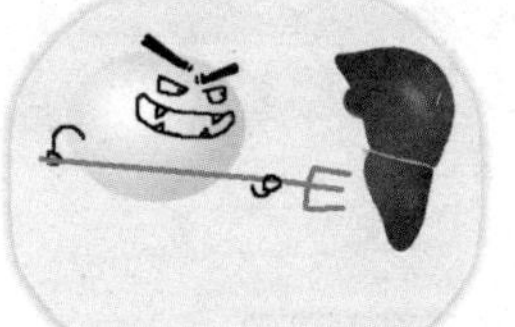

3.水痘不仅仅损伤人的皮肤，还可以侵害其他器官，但是这种状况一般不会出现。

4.接种水痘疫苗是有效预防水痘的方法。

哺乳期的妈妈怀疑出现水痘，应暂停母乳喂养，因为水痘小泡内的液体具有传染性。新生儿患上水痘治疗较困难。

预防流感的办法：

1. 室内定时通风，冲淡室内每种病菌的浓度；
2. 若不是恶劣天气，应带孩子适当外出，以适应冷空气对呼吸道的刺激；
3. 与生病的家人适当隔离；
4. 接种流感疫苗。

流感疫苗怎么打？

- 接种流感疫苗应该记住三个年龄段：6个月、3岁、8岁。
- 8岁以前，如果孩子没有接种过流感疫苗，需要接种两剂，间隔二十八天。
- 8岁以后，不管是否接种过流感疫苗，只需要接种1剂。
- 大人常常是流感的带菌者，会传染给孩子，所以大人也需要接种流感疫苗，才能保护自己和孩子。

季节流感疫苗

流行性感冒是一种传染病，简称流感。这种疾病由流感病毒引起，并可通过咳嗽、打喷嚏、流鼻涕而传染给他人。大部分人的症状包括发烧、发冷、咽喉疼痛、肌肉痛、疲倦、咳嗽、头痛、流鼻涕或鼻塞，可能持续几天。流感比普通感冒症状要严重。

流感与普通感冒不同，是由 A 和 B 两组流感病毒引发，其中包括禽流感（H1N1 等）。普通感冒主要影响上呼吸道，而流感易侵袭全身，甚至引起肺炎、脑炎等。接触流感病毒（自然感染或疫苗）后，人体产生的抗体在体内存留时间短，且每年流行的流感病毒也不尽相同，所以每年都需接种流感疫苗。

任何人均可能染上流感，但是儿童感染的概率最高，因此家长们要特别重视给孩子接种流感疫苗。接种流感疫苗的时间最好在疫苗初上市时，也就是 9 月底或 10 月初。深秋初冬是流感多发季节，所以也是流感疫苗接种的季节。打算接种流感疫苗的，可以选在十一长假后接种，千万不要等到流感流行时再来接种，因为无人可知流感何时流行。接种疫苗后至少 2 周才会产生有效抗体，但保护作用可长达 1 年。比如，2012 年岁末这一季，接种疫苗前，要先对 2011～2012 年度的流感疫苗作一了解。每年科学家都尝试让流感疫苗的病毒类型与当年最可能引起流感的病毒尽量吻合。流感疫苗无法预防由其他病毒引起的疾病，包括疫苗内未包含的流感病毒。

崔大夫，听说宝宝6个月才能接种流感疫苗，请问我在哺乳期能否接种流感疫苗？我接种后会不会把病毒传染给宝宝？

哺乳期母亲接种流感疫苗，对宝宝会起到很好的保护。流感疫苗属于“死”疫苗，其中不含流感病毒整体，不会出现“真”感染问题。此外，家中其他直接养育宝宝的成人，也应在秋末冬初接种流感疫苗。

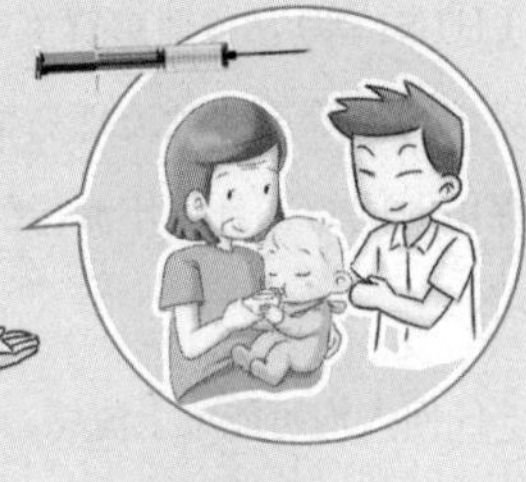

牛奶蛋白过敏的宝宝可以注射流感疫苗吗？

牛奶蛋白过敏的婴幼儿可以接种流感疫苗。只有曾经出现过严重全身过敏和对鸡蛋严重过敏者禁忌接种。

流感重点攻击人群为老年人、小孩、孕妇、有慢性病（如心脏、肺、肾脏病或免疫功能低下）的人群，他们不仅易患病，病情也会相对较重，流感可引起高热、肺炎等，因此要特别重视接种流感疫苗。接种流感疫苗不仅是为了预防自己生病，还可预防传染给他人，特别是家人。家有孕妇的、经常在外面应酬的人、下一年年初准备怀孕的女性、家里有婴幼儿的人，都要及早接种流感疫苗，保护自己和家人的健康。大人受到感染后，往往是带菌者，即便没有流感症状，也会传染给孩子，因此家中有小宝宝的，建议接种流感疫苗。孕妇在怀孕 3 个月以后也可以接种流感疫苗。

流感疫苗的接种也有禁忌：对鸡蛋过敏者不能接种。曾经有过鸡蛋过敏，现已经能进食鸡蛋，且无严重过敏反应者，可以接种流感疫苗；由于流感疫苗中还含有一些痕量的抗生素，所以对新霉素过敏者也不能接种；曾经患过感染性多发性神经根炎者慎用。灭活流感疫苗中已没有活流感病毒，所以注射疫苗后不会发生流感。流感疫苗非常安全，注射后可能会出现轻度反应，包括注射部位轻度红肿或痒感，轻度发热或疲倦、咳嗽等，一般注射后 1 ~ 2 天消失，家长不必担心。

流感疫苗与b型流感嗜血杆菌疫苗是同一种疫苗吗?

流感疫苗是针对流行性感冒病毒的疫苗，而Hib疫苗指的是b型流感嗜血杆菌疫苗，b型流感嗜血杆菌是一种细菌，不是病毒。与平常提及的流感不同，Hib可导致中耳炎、肺炎、脑膜炎。

流感疫苗　流行性感冒病毒

Hib疫苗　b型流感嗜血杆菌

这两种疫苗虽然都有“流感”两个字，但完全不同。流感属季节性传染病，每年十月份开始接种疫苗，有效期为一年。Hib常规接种时间为出生后2、4、6个月和12～15个月。

流感疫苗　Hib疫苗

狂犬疫苗

现在养宠物的家庭很多，孩子在和宠物交朋友的过程中，会想如何和宠物交流，如何让宠物听他的话，在这个交流的过程中，孩子的能力不知不觉得到了训练，从这个角度来讲，养宠物对孩子的心理发育非常好。但是养宠物不免又存在医学隐患，在医院常常遇到孩子被宠物抓伤后，家长带孩子着急跑来接种狂犬疫苗的情况。

狂犬病一旦发病死亡率100%，但却是可以预防的。首先狂犬疫苗应该严格地给宠物接种，这样才能避免狂犬病人的出现，养宠物者一定注意按时给宠物接种疫苗。另外，若居住环境内，孩子会遇到无人照顾的宠物，有可能被抓伤，家长可考虑给孩子接种狂犬疫苗。当然，如果孩子被抓、被咬破了以后，到医院去，肯定要打狂犬疫苗。但是在孩子被咬之前，我建议也要给孩子打狂犬疫苗，因为狂犬疫苗的接种有两种方式：一种是预防方式，另一种是治疗方式。

预防方式指的是，在还没被狗、猫咬过之前，因为居住环境内可能会接触宠物，甚至接触无人照顾的宠物，就要接种三次，第1天打完以后，7天后打一针，28天后再打一针。这种接种被称为0、7、28接种方法。打完这三针以后，一般来说再被宠物抓了就不用那么担心了。如果说过去没有打过预防性预防针，不幸被猫和狗等抓过或咬破后，到医院要接受五针。这属于治疗性预防。治疗性的预防就是可能会被传染上的时候，当天接种疫苗后，4天后要打第二针;7天后打第三针;14天打第四针;28天打第五针。我们简称为0、4、7、

预防方式指的是，在没有被狗、猫咬过之前，因为居住环境内可能会接触宠物，甚至接触无人照顾的宠物，就要接种三次，第一天打完以后，7天后打一针，28天后再打一针。这种接种被称为0、7、28接种方法。打完这三针以后，一般来说再被宠物抓了就不用那么担心了。

一旦被狗、猫抓伤、咬伤或破损伤口被舔，要立刻用肥皂水和流动清水及时彻底地冲洗伤口，然后用酒精消毒。

还要尽快到医院或疾病预防控制中心就医，对伤口作进一步处理。此外，不要忘记接种狂犬疫苗。

接种狂犬疫苗后又被宠物咬伤怎么办？

- 1次咬伤后接种过5剂疫苗（第0、4、7、14、28天）者，如果在半年内又被咬伤的，不需要再次接种；

- 在半年至一年内咬伤的，要再接种2剂；
- 在一年至三年内咬伤的，要再接种3剂；

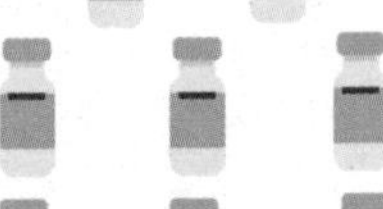

- 超过三年后咬伤的，要再接种5剂。

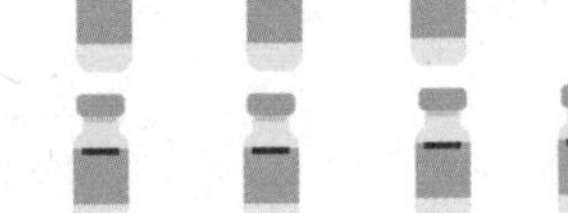

利　心理发育　　医学隐患　不利

14、28 方案，一共 5 针。如果说我原来已经接种过三针，就是预防性的 0、7、28 这三次狂犬疫苗了，又不幸被狗、猫抓破了手，或者是咬破了，再补打一针就可以。

那也就是说，一共有三种形式的预防接种，纯预防的，0、7、28 天三次。治疗性预防的，0、4、7、14、28 天五次。第三种是以前预防过，又被猫或狗咬破了，或抓破了，再补一针。狂犬疫苗的接种一定要按照程序按时全程足量注射。

狂犬疫苗的接种者无年龄限制，但对鸡蛋过敏者不能使用。养宠物的家庭一定要按时给宠物接种疫苗，既可保护自己和家人，也是对社会的一种责任。

流脑疫苗

出生后满6和9个月分别接种流脑A疫苗，间隔不短于3个月。

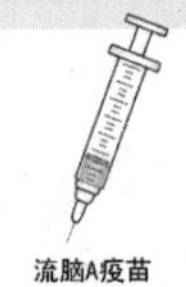

出生后2岁接种流脑A+C疫苗或流脑ACYW135四价疫苗。

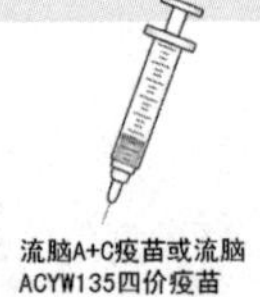

崔大夫，孩子接种流脑A+C后当晚开始发热，去医院检查，C反应蛋白超标，这是疫苗反应吗？

C反应蛋白属急性实相蛋白。人体内出现应激反应，如发热、感染、烫伤等，此蛋白就会增高。体内应激程度越强，C反应蛋白越高。细菌感染会导致体内应激较强，所以常通过检测C反应蛋白间接判断细菌感染。流脑疫苗是细菌疫苗，接种后出现发烧和C反应蛋白增高属正常反应，不需特别治疗。

崔大夫，有高热惊厥史肯定不能打流脑A+C疫苗吗？

有惊厥史（不包括单纯的高热惊厥）的儿童，不建议接受百白破、流行性脑膜炎、乙型脑炎等疫苗。如果有癫痫，同样不能接种百白破、乙脑、流脑疫苗。

那脑出血后可以接种流脑疫苗吗？

如果脑出血后没有遗留癫痫的后遗症，康复后可以接种任何疫苗。癫痫的诊断应该通过脑电图检查排除。

霍乱疫苗预防霍乱及产毒性大肠杆菌所致腹泻。建议在2岁或以上的儿童、青少年和有接触或传播危险的成人中使用。

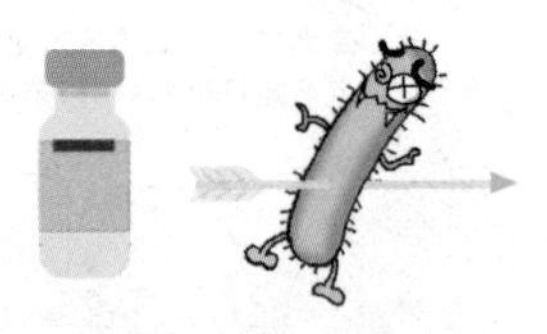

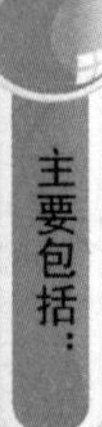

卫生条件较差地区、霍乱流行和受流行感染威胁地区的人群；

旅游者、水上居民；

饮食业与食品加工业、医务防疫人员等。

3 接种后反应及常见问题

接种疫苗以后的不适症状包括：

- 乏力
- 哭闹
- 吃奶稍差
- 睡眠稍差
- 发热
- 注射局部轻微红肿

这些“不适症状”是接种疫苗后的正常反应。出现这些反应时，一般情况下不用带孩子到医院，除非出现剧烈咳嗽、严重腹泻等。

接种疫苗后发热正常吗

接种疫苗是为了预防一些传染性很强、对人体危害较严重的传染性疾病。因为疫苗本身就是减毒或灭活的细菌或病毒，当它进入人体时会对免疫系统进行攻击，迫使免疫系统产生抗体，从而达到预防相应细菌或病毒再次进入人体后对人体的损伤。所以，疫苗接种后，人体免疫系统被攻击，就会出现暂时的不适现象，比如发热等。

预防接种后出现不适只能对症治疗。全身症状以发热为主，并且不伴其他症状时，如果体温超过 38.5℃，需要给婴儿服用退热药（含对乙酰氨基酚的泰诺林或含布洛芬的美林）；如果体温未超过 38.5℃，可以采用物理降温的方式给孩子降温并给他多喂水。疫苗接种后的发热多见于注射后 24 小时内，发热持续时间一般不超过 48 小时。在辅助降温时，要让宝宝尽可能保持舒适，等待反应自行消失。但疫苗接种后数天才出现的发热，并不一定与疫苗接种相关。建议在孩子发热持续 3 天以上，或伴有严重咳嗽等症状时，及时到医院就诊。

有家长咨询为了避免接种疫苗后的发热现象，是否可以在接种疫苗后即刻或几小时内就给孩子服用退热剂？对以前接种疫苗后有明显高热，此次又重复接种同一疫苗时，可在疫苗接种后 4 小时左右服用退热剂。对于常规疫苗接种，无须在发热前服用退热剂。

接种疫苗后局部红肿怎么办?

注射局部出现红肿时，头三天可用冷敷，以减少局部充血肿胀程度，头三天如果热敷，可能会使局部充血，加重局部肿胀。

三天后，才可热敷。几天后，局部红肿消退，皮下还会有硬结，再持续数周至数月。以后注射局部不会留痕迹。

出现局部反应者，今后还可再次接种相同疫苗。局部红肿大多于三天内消失，部分红肿可能会维持数天至数月。

接种疫苗后局部红肿怎么办

宝宝疫苗接种部位出现红肿是炎症表现，是身体对外界刺激的一种反应。注射本身就已形成了轻微创伤，有可能引发炎症。此外，疫苗中刺激宝宝产生抗体的成分和稳定剂、防腐剂都是刺激性物质，容易导致局部产生炎症，而且疫苗对宝宝身体来说是一种异物，同样会产生不同程度的炎症。

家长要多加关注注射部位皮肤的红肿现象。如接种部位红肿范围较小，程度较轻，能在几天内消退，说明炎症反应很快被控制了，不会造成伤害，家长无须担心；如果红肿范围较广，较为严重，应到医院就诊，但看医生前要告诉医生疫苗种类和接种时间。

这里还要提醒家长的是，接种部位一定要保持清洁，注射部位不需覆盖。若接种部位使用邦迪等覆盖，需两小时后去除。

除卡介苗以外，其他疫苗的接种部位都不会出现脓包样改变。卡介苗接种后 2 ~ 4 周，注射局部会开始红肿、化脓、破溃、结痂，最后留有小斑痕。整个过程持续 2 ~ 4 个月。破溃、流脓是卡介苗接种后常见的反应过程，护理时只要用清水擦拭，再蘸干即可。用碘酒、酒精进行局部消毒，会使伤口难以愈合。家长一定要注意这一点。

疫苗接种后的反应

和其他任何药品一样，疫苗也可能有不适反应。这些不适反应大多数为轻微的局部反应，例如：接种部位压痛、红肿，以及轻度发热。对于儿童用疫苗，大约每4名儿童中会有1名发生。这种反应通常会在接种后不久出现，1～2天后痊愈。

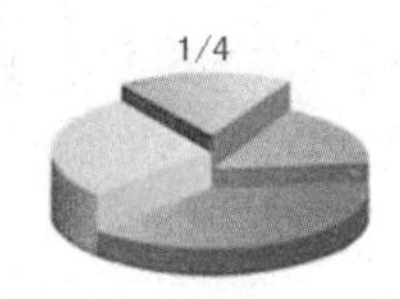

10～20分钟

接种后发生严重不良反应的概率非常低，其中最严重的是对疫苗成分严重过敏，这种状况非常罕见——低于1/100万剂次，通常在接种后10～20分钟之内发生。

孩子3个月时接种了百白破疫苗，热敷过一次，后来偶然发现针眼处有硬结，十几天过去了，硬结依然存在，会不会有什么问题？

预防接种后，注射局部可能会有硬结，硬结可存留2～4周。家长不要紧张，这种硬结不会给孩子造成任何后遗问题。家长给孩子进行局部热敷，也要等注射疫苗后3天才可进行。

接种疫苗后产生硬结怎么办

有些疫苗接种后，接种部位皮下会出现硬结，表面不红，按压也没有明显的压痛，更没有全身的明显表现。这是因为注射疫苗的成分引起了皮下组织产生无菌性的炎症。这种情况属于疫苗接种后的正常反应，家长不需特别担心，硬结会于疫苗接种后几周至几个月内自行消失，不会给孩子造成任何后遗问题，不会影响到下次预防接种。

还有的婴儿会在左腋下出现无痛包块，这种情况首先应该考虑是否为卡介苗接种后的反应。由于卡介苗常规接种于左上臂，通过免疫刺激可能造成左腋下淋巴结肿大。建议先做 B 超确定包块性质，再接受 PPD（结核菌素皮试）检测。若确为卡介苗接种后的反应，大多进行保守治疗，可在结核科随诊。

有的家长在接种当天发现注射部位皮下有硬结后，便用毛巾热敷，这种不当处理方式容易导致肿块越来越大，直至形成鸡蛋大的肿包。前面已经提到，疫苗接种后，头三天可用冷敷，头三天内如果热敷，可能会使局部充血，加重局部肿胀。

现在家长会给孩子接种五联等疫苗，这种现象容易出现。另外，不要把疫苗接种后出现的任何现象都归结为疫苗副作用，因此惧怕疫苗接种，疫苗接种对孩子来说，一定是利大于弊。

崔大夫，我接种了成人百白破、麻风腮、水痘和乙肝疫苗，会对正常哺乳有影响吗？如果有，孩子是不是要喝奶粉度过呢？

根据《药物与母乳喂养》的分类，百白破、麻风腮和水痘疫苗在母乳喂养前对婴儿属于L2（比较安全）药物，乙肝疫苗属于L3（基本安全）药物。所以，母乳喂养前接种这些疫苗不需要暂停母乳喂养。

哺乳期和妊娠期是否可以接种疫苗

不少哺乳期的妈妈以及处于妊娠期的准妈妈们问自己是否可以接种疫苗，接种后病毒会不会传给宝宝等，我为大家解答如下：

哺乳期妈妈：

哺乳期妈妈接种灭活或减毒活疫苗不会有不良后果。而且，我建议哺乳期妈妈尽量接种流感疫苗。因为季节流感疫苗为灭活疫苗，对哺乳期妈妈和婴儿接种灭活或减毒活疫苗不仅不会有不良后果，哺乳期妈妈不会通过乳汁把疫苗直接传给婴儿，反而疫苗接种后在妈妈体内产生的抗体会通过母乳喂养输送给婴儿，提高孩子抵抗流感的能力。

建议接种流感疫苗的时间最好在十一长假后，千万不要等到流感流行时再来接种。接种疫苗后至少 2 周，体内才会产生有效抗体。

妊娠期的准妈妈：

只要不是在怀孕头三个月内接种疫苗，预防接种不会对胎儿造成伤害。但是要注意孕妇不能接种活疫苗，如：麻风腮、水痘疫苗。

不同疫苗的间隔时间

1. 2种（或2种以上）灭活疫苗，可以同时接种或间隔任何时间接种。
2. 活疫苗和灭活疫苗，可以同时接种或间隔任何时间接种。
3. 2种（或2种以上）鼻内接种或注射的活疫苗，如果不是同时接种，则至少间隔4周。

不同厂商疫苗可以互换吗?

1. 同一厂商生产的针对相同疾病的联合和单价疫苗之间可以互换。
2. 不同剂次使用不同厂家的同品牌疫苗，缺乏疫苗安全性、免疫原性和效力的数据，但从理论上讲可以接受。

不同的疫苗可以同时接种吗

不同疫苗同时接种既可以减轻宝宝的痛苦，又可以减少大人的担忧，那么不同的疫苗可以同时接种吗？关于这一点需要遵守以下原则：

1. 所有符合适应证的疫苗同时接种是儿童免疫规划的重要组成部分。

2. 除非特殊疫苗可混合在同一注射器内接种，否则同时接种时应分别注射。

3. 如果同时接种不同的疫苗，要使用不同肢体。如果必须选择同一肢体接种不同疫苗，最好选用大腿。两个接种位置间要距离 2.5 ~ 5cm，以减少局部反应发生重叠的可能。

4. 两种灭活疫苗或一种减毒活疫苗和一种灭活疫苗可在同一天不同部位接种。

5. 一种注射减毒活疫苗与一种口服减毒活疫苗可以在同一天接种。

6. 两种注射用减毒活疫苗要么同天接种，要么间隔 28 天。

7. 两种疫苗在同侧同部位接种，须间隔 28 天以上。

对疫苗成分的过敏反应

●蛋白

用鸡胚生产的疫苗含鸡蛋蛋白成分，如流感和黄热病疫苗，以及部分厂家的狂犬疫苗。

麻疹和流行性腮腺炎疫苗在鸡胚成纤维细胞中培养，不会出现与鸡蛋过敏相同的风险。

●减毒活疫苗（麻风腮、水痘等）会用明胶做稳定剂，所以有明胶过敏者不能接种。

●乳胶：瓶塞、手套等乳胶制品。

●抗微生物制剂：减毒活疫苗可能含有痕量的一种或多种抗生素，如新霉素、链霉素等。

●硫柳汞：免疫制剂中的防腐剂。

过敏体质的孩子能接种联合疫苗吗？

过敏体质与是否接种联合疫苗没有直接关系。分开接种疫苗同样有可能导致婴儿出现发热、注射局部硬结，甚至过敏的风险。

容易过敏的孩子能接种疫苗吗

对于疫苗的生产检定标准高于普通药品，疫苗的安全性也优于普通药品，但不排除某些人会对疫苗本身或是对其中的微量杂质过敏。过敏反应有轻有重，真正因疫苗引起的严重过敏反应非常罕见，该体质者接种后可加强观察，如果有过敏表现，可以及时对症治疗，一般不会对健康有影响。接种后发生严重过敏反应者，一般应避免再次接种相同的疫苗。

有的家长问，孩子对牛奶蛋白过敏，可以接种疫苗吗？对牛奶蛋白过敏的婴幼儿可以接种除口服减毒脊髓灰质炎疫苗（OPV）以外的任何疫苗。因为任何疫苗都与牛奶没有关系，除了口服脊髓灰质炎疫苗。如果孩子因为牛奶蛋白过敏导致湿疹严重，应该在治疗湿疹后，待湿疹适当好转的情况下，再接种疫苗。

有过敏史或可能过敏的儿童，疫苗接种后观察 30 分钟后再离开接种单位。如果疫苗接种后出现颜面潮红、水肿、荨麻疹、瘙痒、口腔或喉头水肿、气喘、呼吸困难，应及时让孩子平卧并抬高下肢，并送医院抢救。尽管接种疫苗后很少出现急性全身过敏反应，但倘若发生，容易威胁生命，所以疫苗接种单位要有肾上腺素和维持其到医院的设备和专业人员。

崔大夫，感冒了还能打预防针吗？
感冒等疾病期间不要接种疫苗，以免疫苗接种后反应较强。待病愈1周后再接种。
急性疾病期间，可以接种疫苗吗？
急性轻症疾病时，可考虑接种疫苗；中、重度疾病期间应推迟接种疫苗。疫苗接种前要接受医生的询问和体检。

预定接种期间孩子身体不适怎么办

由于疫苗是减毒或灭活的病毒或细菌，接种后会对人体造成微小“疾病”过程，所以接种前的儿童身体应该处于健康状态。生病期间不能接种疫苗，可在病愈一周后再接种，否则疫苗接种后反应较大，接种后长远效果也不够强。比如腹泻期间就不要接种疫苗，特别不要接种口服疫苗，比如口服脊髓灰质炎疫苗、轮状病毒疫苗等。

还有的家长认为孩子太小，身体不结实，抵抗力太弱，所以希望孩子长大一点，抵抗力增强后再进行预防接种，这是非常不正确的想法。婴儿出生后，先天性免疫（皮肤屏障、体液抑菌等）与成人差别极小，而后天获得性免疫才刚起步，需要通过预防接种等方式促进获得性免疫发育，并使之逐渐成熟。按时接种疫苗是促进婴儿免疫发育的良好方法。家长拖延接种，反而不利于孩子的免疫系统成熟。

另外，预防接种后出现一些局部或全身不适，家长不必惊慌。疫苗就是减毒、灭活的细菌和病毒或其碎片。进入人体后，刺激免疫系统成熟过程中，出现一些反应性症状，应是好事，也是预防接种成功的标志之一。家长不要因为心疼孩子错误理解预防接种，延迟接种，增加严重传染病感染的风险。

疫苗接种后不能使用抗生素和抗病毒药物

崔大夫，给孩子接种了百白破+Hib+灭活脊髓灰质炎五联疫苗后，孩子开始发热，检查血白细胞和C反应蛋白增高，医生给出两天静脉注射抗生素的治疗方案，可行吗？

疫苗接种后给予抗生素治疗，简直是胡来！五联疫苗中除了脊髓灰质炎，其他四种白喉、百日咳、破伤风、b型嗜血流感杆菌全是细菌。接种后检查结果当然类似细菌感染（C反应蛋白偏高）。使用抗生素，会减弱疫苗接种效果。疫苗接种后出现发热属疫苗接种后正常反应，血白细胞和C反应蛋白增高说明体内开始出现免疫反应，应是疫苗接种成功的标志，绝不能使用抗生素。

接种疫苗后能不能使用抗生素和抗病毒药物

有些家长看到孩子在接种疫苗后出现发热等症状，就会给孩子服用抗生素，这种做法极其不对。疫苗本身是病毒、细菌的灭活体或部分，它进入人体后必然会刺激免疫系统，引起类似病毒或细菌感染的过程，这样才能产生相应抗体以抵御今后相应病毒或细菌的侵袭，预防严重感染性疾病的发生。但预防接种引起的反应远比生病要弱，不会引起真正的疾病。

对于接种疫苗后的正常发热，只需要物理降温，遇到高热，家长可以给孩子服用退热药。如果出现类似感冒的表现，只要是没有出现超过 38.5℃的高热、严重咳嗽、严重皮疹等不适，最好不要给孩子服药。即使是高热，也不能使用抗生素，否则疫苗接种的效果就削弱了。通过耐心护理，孩子很快就会度过不适阶段。如果症状持续加重，应该由医生帮助判断，确定是否需要治疗。

另外，有些疫苗接种后，检查显示血白细胞和 C 反应蛋白均高，这种情况下有些家长开始纠结是否应使用抗生素。疫苗接种后出现血白细胞和 C 反应蛋白增高说明体内开始出现免疫反应，应是疫苗接种成功的标志，绝不能使用抗生素。血液检查反映出类似感染的变化纯属正常，因此，疫苗接种后不要依据血液检查进行治疗。千万不要轻易使用抗生素和抗病毒药物，使用抗生素或抗病毒药物不仅会削弱疫苗接种后效果，而且还可能因使用抗生素导致体内菌群失调。

联合疫苗是指含有两个或多个活的、灭活的生物体或者提纯的抗原，由生产者联合配制而成，用于预防多种疾病（比如：白喉、百日咳、破伤风三联疫苗）或由同一生物体的不同种或不同血清型引起的疾病（比如：流行性脑膜炎A+C型疫苗）。

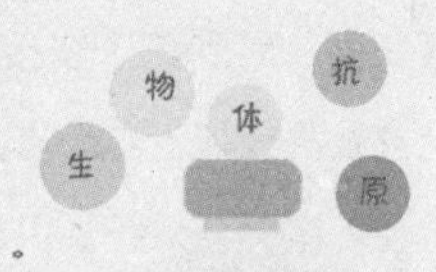

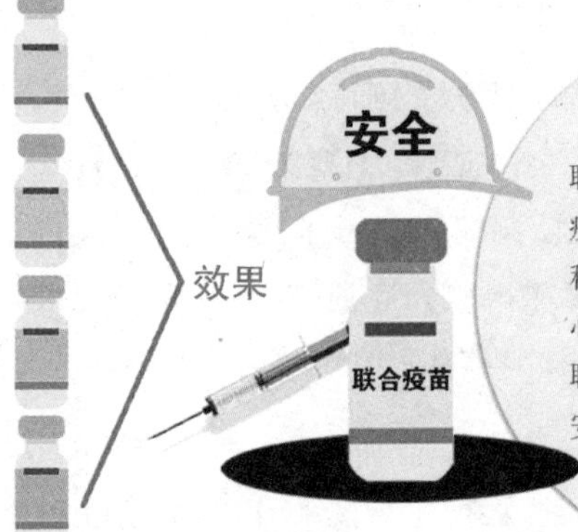

联合疫苗开发的目的是在减少疫苗注射次数的同时预防更多种类的疾病。而且家长无须担心联合疫苗的安全性。实际上，联合疫苗可以提高疫苗的相对安全性。

国内有些保健站可能还没有联合疫苗，但三合一（百白破、麻风腮）、四合一（百白破+Hib型流感嗜血杆菌）、五合一（百白破+Hib+注射脊灰）都已正规进口。联合疫苗均是自费疫苗，家长如果希望选择，可先与当地医生交流。

什么是联合疫苗

联合疫苗是指含有两个或多个活的、灭活的生物体或者提纯的抗原，由生产者联合配制而成，用于预防多种疾病（比如白喉、百日咳、破伤风三联疫苗）或由同一生物体的不同种或不同血清型引起的疾病（比如流行性脑膜炎A+C 型疫苗）的疫苗。

面对联合疫苗，家长喜忧参半，喜的是宝宝可以因此而减少接种次数，忧的是疫苗的安全性。从原有的白喉、百日咳和破伤风三联疫苗，到百白破 +b 型流感嗜血杆菌（Hib）的四联疫苗，百白破 +Hib+ 灭活脊髓灰质炎五联疫苗，都是作为一种独立疫苗而开发的，虽然含疫苗种类多，但也是单独疫苗，不是家长们所理解的注射前人为混合，因此，无须担心联合疫苗的安全性。实际上，联合疫苗可以提高疫苗的相对安全性。

联合疫苗开发的目的在于减少疫苗注射次数的同时还能预防更多种类的疾病。其意义不仅可以提高疫苗覆盖率和接种率、减少多次注射给婴儿和父母所带来的身体和心理痛苦、减少疫苗管理上的困难、降低接种和管理费用；还可减少疫苗生产中必含的防腐剂及佐剂等剂量，降低疫苗的不良反应等。作为一种单独的疫苗，其中的防腐剂、添加剂只有一份。

联合疫苗不是将现有疫苗在工厂内组合而成，而是在考虑联合疫苗中各抗原组分间的可溶性、物理兼容性和抗原稳定性的前提下，还要解决一些潜在的问题，如抗原间竞争、表达抑制、不良反应加重等多种情况。上市前必然经过

什么是“五合一”
“六合一”疫苗？
“五合一”或“六合一”是联合疫苗。国外厂家将“白喉+百日咳+破伤风+b型流感嗜血杆菌+脊髓灰质炎（+乙肝）”结合成一种疫苗，即五合一或六合一疫苗。联合疫苗属于单独疫苗，有单独试验基础。
五联疫苗怎么接种呢？
对五联疫苗［无细胞百白破（DTaP）、b型流感嗜血杆菌（Hib）和脊髓灰质炎（IPV）］的初次接种时间应在出生后至少满8周，每次接种间隔时间不短于4周，不长于12周。

安全性、免疫原性和有效性研究。

目前，国内有些保健站可能还没有联合疫苗，但三合一（百白破、麻风腮）、五合一（百白破 +Hib+ 注射脊灰）都已正规进口。

联合疫苗均是自费疫苗，缺点是价格比较高，家长如果希望选择，事先可与当地医生交流。

儿童疫苗接种部位

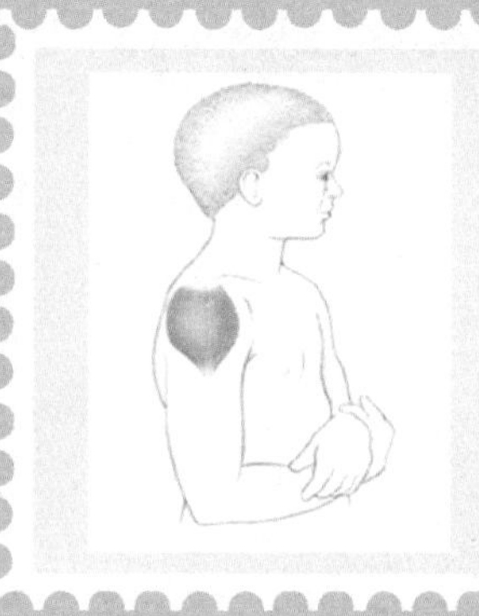

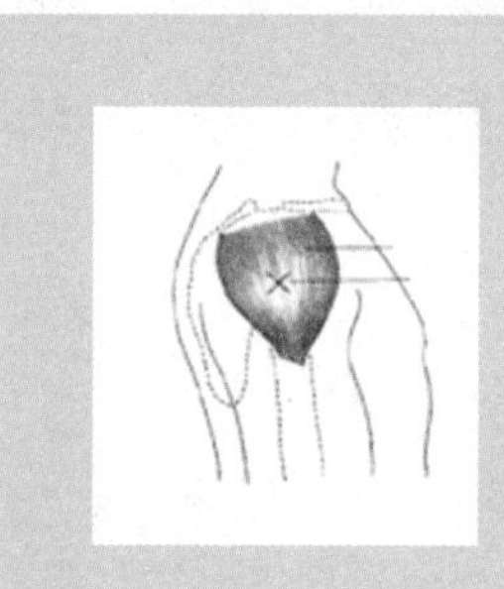

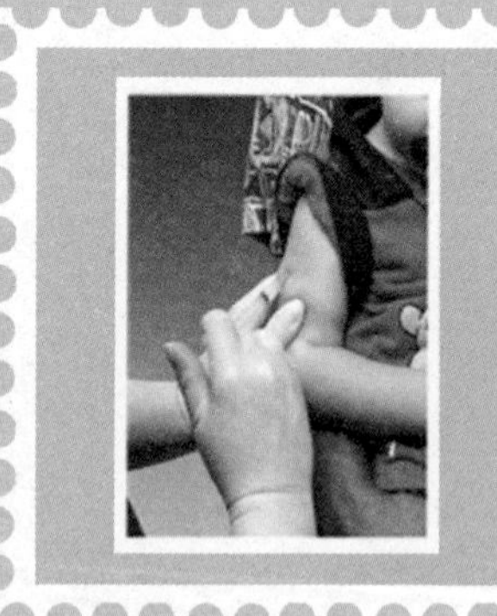

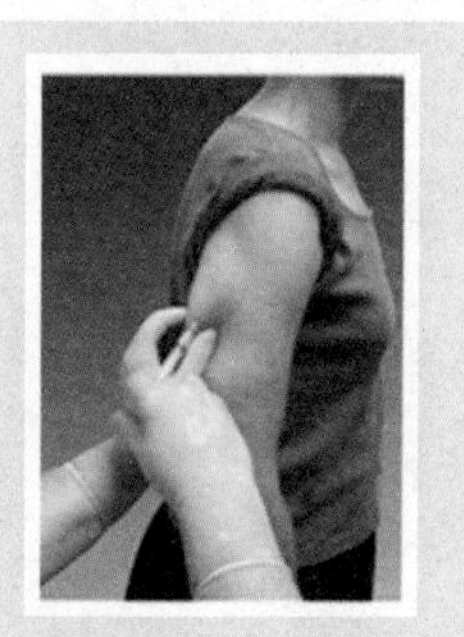

4 崔大夫门诊问答

婴儿接种部位图示

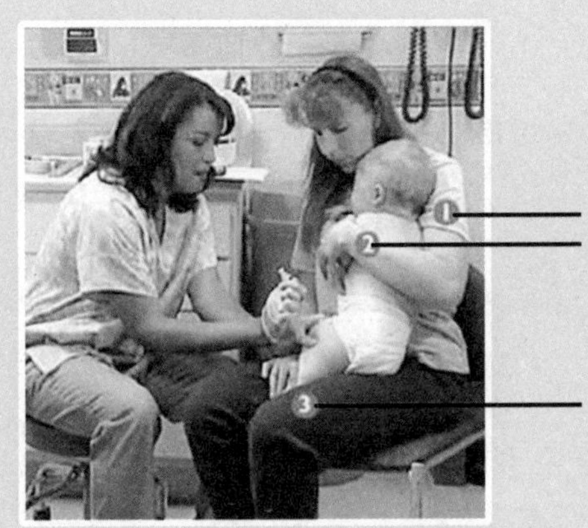

辅助时的合理姿势与用力部位

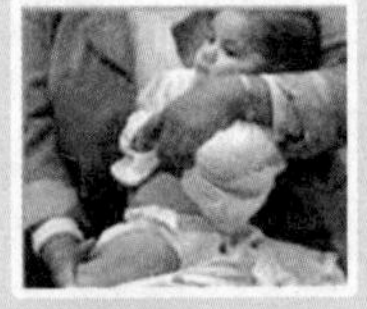

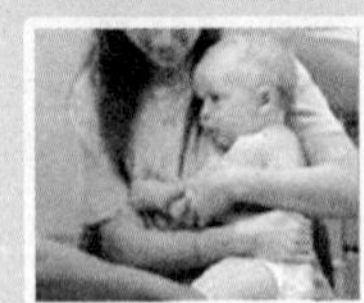

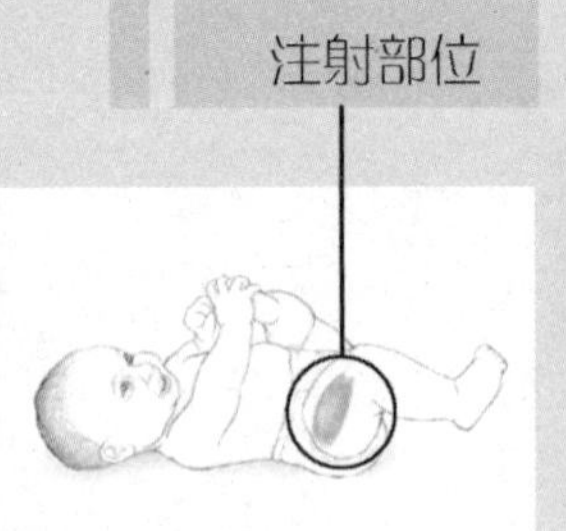

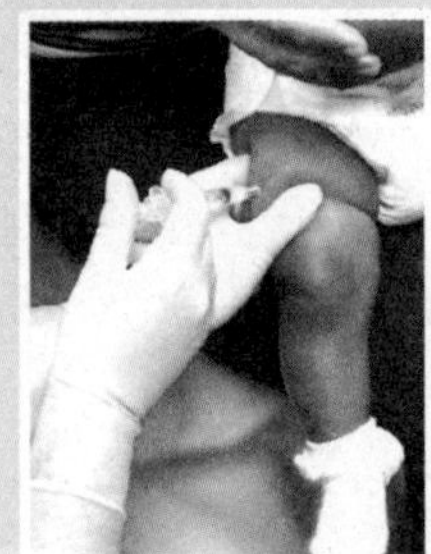

宝宝生病了影响打预防针吗

接种疫苗前，家长应该向医生叙述孩子的近期状况，并接受医生的必要检查。对于近期有不适或医生检查发现一定问题的婴幼儿应该暂缓疫苗接种。

疫苗是灭活、减毒的病菌，接种后人体会出现一定不适。如果接种之前身体本身就有其他不适，接种后反应会较强烈。所以，如果宝宝生病了，最好待疾病痊愈后再接种。

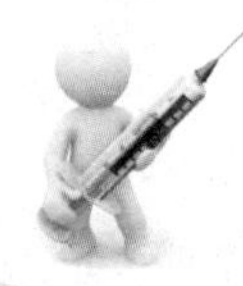

急性疾病期间的疫苗接种

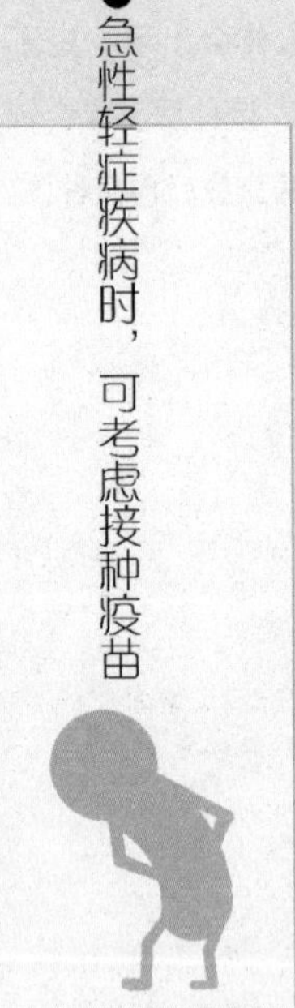

● 急性轻症疾病时，可考虑接种疫苗

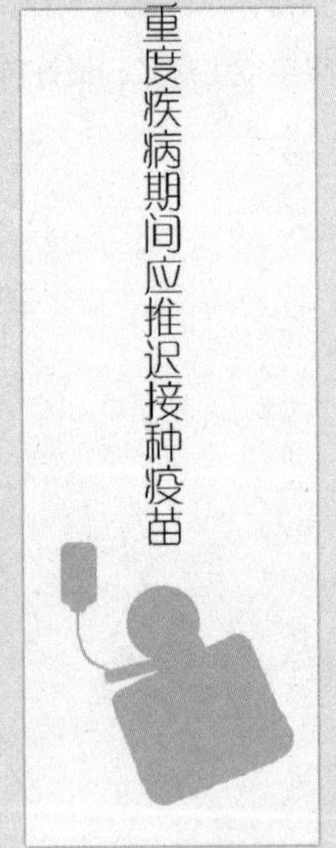

● 中、重度疾病期间应推迟接种疫苗

● 疫苗接种前要接受医生的询问和体检

孩子出湿疹期间是否可以接种疫苗

很多婴儿都会有湿疹，有的还比较严重，家长不免要问孩子湿疹期间，还能打预防针吗？出湿疹期间的疫苗接种应从以下三方面考虑：

1. 引起湿疹的原因。如果孩子对鸡蛋过敏，不建议接种流感疫苗、狂犬疫苗、黄热病疫苗，这三者都不是常规疫苗；牛奶过敏者，不口服减毒脊髓灰质炎疫苗（OPV），改为用灭活脊髓灰质炎疫苗（IPV）；对曾经接种的疫苗出现过敏时，不建议再次接种相同疫苗。

2. 湿疹的严重程度。如果湿疹严重，特别是需要接种的部位湿疹严重时，可先通过药物治疗湿疹。待湿疹好转后，再进行正常疫苗接种。

3. 皮肤的完整性。只要有完整皮肤，且对疫苗不过敏，湿疹儿童可以进行预防接种。

最新药典已将麻风腮三联疫苗接种说明中的鸡蛋禁忌删除

孩子在接种麻风疫苗前被要求先吃鸡蛋，不过敏可接种，过敏则不接种。这实际上是一个误区。

鸡蛋过敏的婴幼儿不能接种“流感疫苗”“黄热病疫苗”和“狂犬疫苗”，目前没有研究显示鸡蛋过敏的婴幼儿不能接受“麻疹风疹腮腺炎三联疫苗”，也没有研究显示，过敏婴幼儿不能接受其他疫苗。

我国2010版药典已经在麻疹疫苗、麻风疫苗以及麻风腮疫苗的说明书中删除了鸡蛋过敏禁忌的说法。

接种麻风二联疫苗前需要给孩子尝试全蛋吗

很多家长咨询，在“麻疹风疹联合减毒活疫苗”接种前是否必须给孩子吃鸡蛋？

麻疹疫苗、麻风二联疫苗和麻风腮三联疫苗于鸡胚表面上培养，只要制作工艺过关不应含鸡蛋成分。而流感疫苗、狂犬疫苗、黄热病疫苗于鸡胚内培养，所以鸡蛋严重过敏者慎用。现在建议 6 个月婴儿即可接种流感疫苗，也未提及要先吃鸡蛋。

现药典已没有要求注射麻风二联、麻风腮三联疫苗前需进食全蛋，以确定是否有鸡蛋过敏。过敏分两个阶段，初期是致敏。若未进食过鸡蛋，直接接种麻风二联疫苗，不可能出现明显过敏反应。若已经对鸡蛋过敏，再接种麻风二联疫苗，就有可能出现急性全身过敏反应。若在没进食鸡蛋清的状况下，在 8 个月接种麻风二联疫苗，假使出现致敏，1 岁后才开始加鸡蛋清，这 4 个月间免疫系统会越发成熟，致敏现象可渐消失。人体纠正致敏，一定比纠正过敏要容易。

宝宝一周岁，因为蛋清过敏，至今未接种麻苗。是不是到15个月时直接接种麻风腮，效果会更好？

如果孩子对鸡蛋过敏或一岁内没有接种过“麻疹、风疹”二联疫苗，满1岁即可接种“麻疹、风疹、腮腺炎”三联疫苗。
三联疫苗

宝宝快6个月的时候添加了蛋黄，开始吃时下巴长红疹子，连续吃了一周后第8天再吃蛋黄突然出现呕吐。现在宝宝快8个月了，马上要接种麻疹疫苗，真要再尝试全蛋吗？

孩子的表现说明对鸡蛋过敏。建议至少6个月内不要进食鸡蛋及含鸡蛋的任何食物或补充剂。麻风二联、麻风腮三联疫苗的接种不应受到鸡蛋过敏与否的限制。

如果仅仅是为了接种“麻疹、风疹二联疫苗”，过早给孩子吃全蛋，一旦出现鸡蛋过敏，不仅不能接种麻疹、风疹二联疫苗，而且会导致后续营养提供受到很大阻碍。

若已经出现鸡蛋过敏，可考虑 1 岁接种麻疹、风疹、腮腺炎三联疫苗。我一直推荐 1 岁以后给孩子接种“麻疹、风疹、腮腺炎三联疫苗”，进口的“麻风腮”疫苗明确表明即使鸡蛋过敏者也可接种。

在此还要提醒家长，应遵循营养学建议，1 岁之内最好不添加鸡蛋清。

什么是预防免疫?

通过接触病原微生物的整体、部分成分或特别修饰部位，使人体具有预防由此病原体引发的相应疾病过程。

我接种疫苗啦，
不怕你们！

易感人群
患先天性心脏病的婴儿，因循环异常，比较容易患呼吸道感染，特别是肺炎。而肺炎又可能使心脏问题加重，因此，先心病的婴儿是感染性疾病，特别是严重感染性疾病的易感人群，所以，他们更要按时接种所有疫苗，包括二类疫苗。

有先心病的孩子能接种疫苗吗

有些婴儿出生时，心脏结构发育尚不完整或发育异常，可能出现左右心房间、心室间或动脉导管间的异常血液流动。轻者没有任何临床表现，重者易患呼吸道感染，喂养困难，运动能力差，哭闹后全身或颜面、指端发紫等。遇到可疑心脏问题，要及时咨询医生。

有些心脏结构异常但不严重的婴儿，随着发育有可能变为正常状况。是否需要手术要依孩子病情而定，但家长必须注意：患先天性心脏病的婴幼儿，因循环异常，比较容易患呼吸道感染，特别是肺炎。肺炎又可能使心脏问题加重。因此，他们是感染性疾病，特别是严重感染性疾病的易感人群。严重感染可加重原发慢性疾病，甚至可能夺去他们的生命。因此，对患有先天性心脏病等慢性疾病的儿童更应按时接种所有疫苗，包括二类疫苗。

有些家长可能会担心先心病的孩子不能适应接种疫苗后所产生的不适反应，目前没有研究发现疫苗对先天性心脏病的婴儿有禁忌。一定要给患有慢性疾病的儿童按时接种疫苗！

多次预防接种后的效果

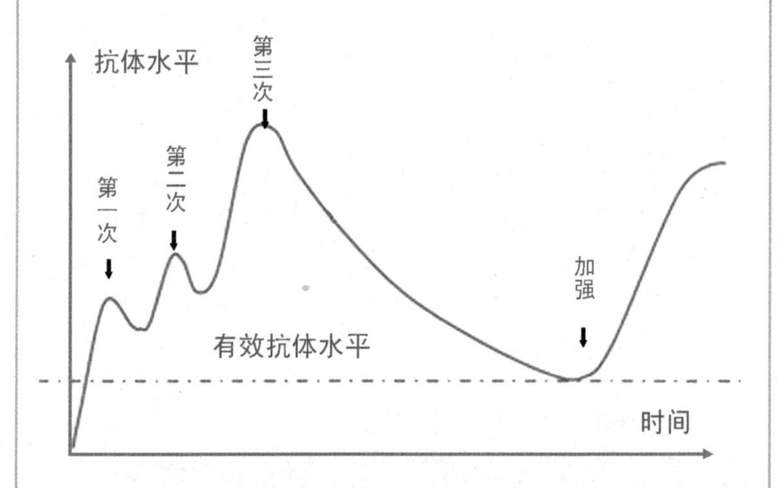

预防接种时，每个孩子身体状况、机体对疫苗的反应以及机体的代谢状况等是不同的，所以预防接种后人体产生的抗体水平、抗体在体内衰减的速度及存留时间的长短也是不同的。

为何有时会有加强接种

由于一次预防接种很难达到终身免疫，即使连续接种几次也未必能够终身免疫，所以，预防接种才会有加强免疫接种。

通过检测血液中相应疫苗接种后的抗体（IgG）水平可以确切了解疫苗接种效果，要想准确得知预防接种后相关抗体的状况，至少需要在最后一次接种后6个月才能进行检测，这时才能测出抗体的真实水平。一些病毒（包括风疹）检测会有IgG和IgM两项，IgM代表短期感染的征象，言外之意即代表受到感染，比如，麻疹IgM阳性可以诊断麻疹感染。而IgG代表体内抗体状况，比如风疹IgG阳性，意味体内有抗风疹抗体。预防接种后体内会出现相应的IgG阳性。根据体内相应抗体水平，考虑何时或如何进行加强接种。

可以检测的抗体（IgG）包括麻疹、风疹、腮腺炎、甲肝、乙肝、水痘、乙脑等。

不管什么病，输了丙种
球蛋白，半年内都不能
打预防针吗?
不论任何疾病治疗过程中
使用过静脉丙种球蛋白，
半年内都不要接种疫苗。

为何输了丙种球蛋白半年内不能打预防针

如果孩子因为治疗疾病使用过静脉丙种球蛋白，近期内就不能接种疫苗。因为会影响体内免疫系统对疫苗的反应过程，有可能影响体内应有抗体的产生，削弱预防接种效果，也有可能出现较强的预防接种反应。

比如，川崎病的治疗过程就会出现这种情况。川崎病的全称为皮肤黏膜淋巴结综合征。先是不明原因高热，继之可出现皮疹、红眼、口唇干裂及手脚指（趾）端脱皮、浅表淋巴结肿大等表现。关键是血管炎可累及心脏的冠状动脉。心脏超声及时诊断，静脉丙种球蛋白冲击加口服阿司匹林治疗，可及早根治。因为治疗川崎病期间需要使用静脉输注的丙种球蛋白，家长需要注意，半年之内不能进行预防接种。

Hib疫苗与7价肺炎疫苗

Hib 病毒

肺炎、中耳炎、脑膜炎

Hib疫苗

肺炎球菌

肺炎、中耳炎、脑膜炎

7价肺炎球菌疫苗

虽然都是预防肺炎等疾病，但它们针对的是不同的细菌，不能相互替代。

接种了 Hib，还需要接种 7 价肺炎疫苗吗

Hib 的全称是 b 型流感嗜血杆菌，7 价肺炎是肺炎球菌的代号。虽然这两类细菌都可引起肺炎、中耳炎、脑膜炎，但是终究为不同细菌。

任何疫苗针对性都是很强的。比如，白喉疫苗只针对白喉杆菌引起的感染，卡介苗只针对结核病毒。没有一种疫苗是针对几种病菌的，肺炎球菌疫苗只针对肺炎球菌感染，Hib 只针对 b 型流感嗜血杆菌。

虽然这两种疫苗表面上看都能预防肺炎、中耳炎、脑膜炎，但却是针对不同细菌的，所以这两种疫苗都需要接种，接种其中的一种不能代替另外一种。

请问幼儿急疹痊愈后几天才能打预防针呢？
不论是幼儿急疹，还是其他急性感染性疾病，从理论上讲，只要体温恢复正常，就可以接种疫苗了。但是我们还是建议，病愈后一周再接种疫苗。

接种疫苗后引起了幼儿急疹怎么办

我们碰到过多个疫苗接种后出现高热，3 天后高热得到控制又出现皮疹，结果是幼儿急疹的案例。此类病例可在接种百白破、7 价肺炎、麻风腮或水痘疫苗后出现。加强接种后，没有类似现象再出现。如果疫苗接种后出现过敏，多以荨麻疹形式出现，且抗过敏药物有一定效果。

幼儿急疹为病毒感染所致，先期高热三天，退热同时出疹，遍及全身，无明显痒感，不怕风吹也不怕着水，无须特别治疗，再过三天后逐渐消退，并且不留皮肤痕迹，也不会留下任何后遗问题。

幼儿急疹的诊断都是马后炮。高热时家长会很着急，遇到出疹时，家长就应踏实了，无须用过多药物。

宝宝现在三个月，两个月时吃了一次糖丸，过几天需打百白破和再次吃糖丸，可是接下来可以改打五联针么？

接下来可以注射五联针，只需注意间隔时间。两针间隔时间不应短于4周，也不要超过12周。

同一厂商生产的针对相同疾病的联合和单价疫苗之间可以互换。

为何保健所 7 价肺炎疫苗接种时间和说明书不符

保健所对第一针自费 7 价肺炎疫苗的推荐接种时间是七个月，而说明书给出的时间却是三个月，有些家长会对此存有疑惑。

从说明书上建议，7 价肺炎疫苗接种时间是出生后满 3、4、5 个月，和保健所的建议不同是因为现今在我国 7 价肺炎球菌疫苗属二类疫苗，而婴儿在 2～6 个月内还会有一类疫苗需要接种，所以推荐 7 个月婴儿接种 7 价肺炎球菌疫苗无可厚非。其实，肺炎疫苗可与其他疫苗同时按照推荐时间接种。

怎样能更好地预防呼吸道疾病

以下环境因素可使儿童更加易患肺炎：使用木柴或动物粪便进行烹调或取暖所造成的室内空气污染；居住条件拥挤；父母吸烟。

为防儿童患肺炎等严重呼吸道感染性疾病，应保证室内空气清新。经常开窗通风，可减少室内每种病菌的浓度，利于防病。再有，大人出现呼吸道不适时，不要亲吻婴儿，避免飞沫传染。春季是个多变的季节，建议家长每天定时带孩子到户外活动，接受温度和湿度的变化，使孩子们的呼吸道尽快适应环境，减少生病的机会。

如何预防呼吸道疾病

预防接种是基础免疫，是保证婴幼儿免受严重感染性疾病的重要措施，是促进婴幼儿免疫成熟的重要工具。除了基础的预防接种之外，为防止儿童患肺炎等严重呼吸道感染性疾病，应保证室内空气清新。经常开窗通风，可减少室内每种病菌的浓度，利于防病。再有，大人出现呼吸道不适时，不要亲吻婴儿，避免飞沫传染。

春季是个多变的季节，家长应该让孩子逐渐适应这种多变的环境。建议家长每天定时带孩子到户外活动，接受温度和湿度的变化，使孩子们的呼吸道尽快适应环境，减少生病的机会。

多数健康的儿童可通过自身的天然防御功能抵御感染，但免疫系统受损的儿童有形成肺炎的较高风险。营养不良可使儿童免疫系统虚弱，尤其是在非完全母乳喂养的婴儿中。另外，居住条件拥挤、父母吸烟等环境因素也可使儿童更加容易患上肺炎。

热性惊厥与癫痫

单纯热性惊厥是因为体内温度过高导致脑细胞突然出现异常放电引起的全身肌肉痉挛性发作。但高热时出现惊厥并不一定就是单纯性热性惊厥。癫痫患者，在高热时也可出现惊厥。如果孩子存在癫痫，平时处于亚临床发作，即没有惊厥发生，但大脑有异常放电，遇到高热时也可诱发出惊厥。

高热时出现惊厥，并不一定就是单纯热性惊厥。对于有高热惊厥病史的儿童，应该接受神经科医生的检查，并结合脑电图、脑CT等，判断“热性”惊厥是单纯高热所致，还是高热为其诱因。有些孩子本身有癫痫，发热很可能是癫痫的诱因。

有惊厥史或癫痫的孩子可以接种疫苗吗

高热时出现惊厥，绝大多数与高热有关，称热性惊厥。但也有个别案例，高热只是诱因，所以，惊厥后应到医院检查，并进行脑电图监测，确定是否存在异常脑电波。如果脑电波正常，疾病好转后即可考虑疫苗接种，没有疫苗接种限制。如果脑电波异常，应按癫痫正规治疗。

有癫痫发作史的婴幼儿，建议推迟百日咳和麻风腮（麻疹）疫苗的接种，直至疾病得到很好的控制或治愈。有癫痫家族史不是接种百日咳和麻疹的禁忌症。

如果脑出血后没有遗留癫痫的后遗症，康复后可以接种任何疫苗。癫痫的诊断应该通过脑电图检查排除。如果有癫痫，百白破、乙脑、流脑疫苗不能接种。

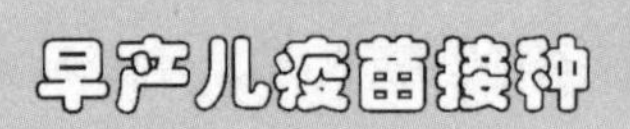

早产儿出生2kg后开始接种乙肝疫苗

以后根据出生后的实际年龄接种疫苗

对出生后2月龄仍住院的早产儿，建议将OPV改成IPV

早产儿体质较弱，需要推迟接种吗

早产儿指的是孕周不足 37 周，出生体重小于 2500 克的婴儿。评价早产儿的生长发育需要使用“纠正胎龄”概念。纠正胎龄（月）= 出生后实际月龄（月）-（40- 出生时孕周）/4。对早产儿生长的评估应使用早产儿生长曲线，直至矫正孕周 40 周才可与正常生长曲线的出生时接壤。矫正孕周要使用到 2 岁。如果不使用矫正孕周，家长容易错误地认为婴儿生长缓慢，造成过度喂养，增加今后慢性疾病发生率。发育的评估也要用矫正孕周。

唯独早产儿的疫苗接种应从体重 2 公斤开始，根据出生后的实际年龄开始接种疫苗，不受矫正孕周的限制，接种程序与正常程序相同。预防接种是为了预防严重感染性疾病，接种后常会出现发热等反应，不要因此拖延预防接种。如果因为延误预防接种而患上可预防的严重感染性疾病，完全得不偿失，如果已经拖延了接种，要及时补上。

预防接种的目的

预防接种　保障健康!

预防接种是保护儿童免受严重感染性疾病的最好方法。按时接种，按程序加强接种，发挥预防接种的最佳效果。了解预防接种后的反应，避免家长接种前后的惊恐心态。

崔大夫，我又来给孩子检查身体了。
很好，要定期检查和接种。

听说国外有孩子打了疫苗后出现自闭，怎么回事

疫苗接种，特别是麻风腮疫苗接种后是否可以增加儿童孤僻症的发生，10 年前在西方国家炒得沸沸扬扬。现在这个问题已有了明确结论，当时发现的问题与疫苗内防腐剂——硫柳汞有关。很多年来，含汞的防腐剂已退出婴幼儿疫苗制剂，这个风波也已结束。

据我所知，在国外，特别是在美国，有一些人崇尚纯自然，拒绝一切非自然制剂，包括疫苗在内。每次在美国参加会议时，门外都会有一些人反对疫苗。但这绝对不是美国绝大多数人的观点。我现在工作于外资医院，每天都有很多外国家长带孩子来接种疫苗。

家长不需要因此纠结是否应该给孩子接种疫苗，接种疫苗对孩子来说一定是利大于弊。

宝宝三岁零两个月，因检查缺少乙肝抗体，医生建议疫苗三针。8月15日第一针后，本应在9月中旬进行第二针，但因宝宝一直感冒后咳嗽至今未接种，请问现在能接种吗？推迟这么久打疫苗还有效果吗？有影响吗？

答：

很多种疫苗之所以需间隔一定时间接种几次是因上一次接种后在体内产生抗体高峰期时，继续刺激抗体产生，达到更高的水平，获得更长的保护期。每种疫苗的接种和间隔时间都有临床研究支持的。不能按规定的间隔时间加强会达不到预期效果，但对孩子没负面影响。再有，轻症时可接种疫苗。

带孩子去旅行可别忘了疫苗接种

冬天的北方比较冷，而且空气污染比较严重，很多家庭都希望带着孩子去南方，类似海南的地方去过冬。还有就是假期即将来临，不论是圣诞节、元旦还是春节，很多家长都会选择带着孩子回老家。无论是什么原因，家长一定要注意孩子预防接种针的情况，不要因为出行的时间比较长，就人为将孩子预防接种的时间往后拖延，特别是对于复种的疫苗，延期的话会影响预防接种效果的。

如果家长带孩子出行的时间较长，那么家长可以跟医生进行交流，选择在当地进行相关的接种，千万不能因为家长的原因导致孩子预防接种的时间混乱，这样会影响孩子的接种效果。

孩子注射百白破后肌肉里有硬块，怎么办？

百白破疫苗接种后数天，接种部位皮下有可能触摸到没有明显压痛，皮肤表面不红，类似蚕豆大小的硬块。这是接种后局部的反应，无需治疗，可逐渐吸收，只是吸收速度相对慢些，需要数周，但对孩子生长发育，对下次预防接种没有任何影响。有些疫苗接种后也可能有类似反应。

身边的宝宝有接种了也出水痘的，接种与不接种有区别吗？

水痘是由水痘—带状疱疹病毒所致，通过呼吸道传播。初次表现为典型的红疹、水疱、结痂三期皮疹共存现象。但水痘痊愈后，病毒终身存在神经节内，待人体免疫功能低下时沿神经节支配的神经走向复制，即疼痛难忍的带状疱疹。所以水痘疫苗不仅预防水痘，还会预防今后的带状疱疹，应该接种。

春季传染病高发，疫苗接种注意事项

春季是万物复苏的季节，当然也是一些传染病高发的季节，这些疾病尤以呼吸道疾病为常见，比如说麻疹、水痘这样的流行病。

家长可以回顾一下孩子的预防接种本，看看孩子是否按时接种了疫苗。比如说麻疹、腮腺炎、风疹疫苗、水痘疫苗，是否都有按时接种。如果没有接种，请及时到医院接种该疫苗。孩子满 8 个月需要接种麻疹和风疹的二联疫苗，1 岁半需要接种麻疹、风疹、腮腺炎的三联疫苗和水痘疫苗。

疫苗接种程序是根据当地疫情状况、疫苗生产状况、经济状况等多因素决定，其中最主要的是当地疫情状况。不论何地出生的婴儿，预防接种程序应遵循居住当地程序接种。外籍孩子在中国长期生活，也应按中国疾病预防中心制定的免疫接种程序；同样中国孩子居住在国外也必须按当地程序接种。家长应按时为孩子接种，否则患有这些疾病的风险将会大大提高。

宝宝一岁时有过一次高温惊厥，现在一岁半了能接种疫苗吗，或者有什么禁忌吗？

高热惊厥现称热性惊厥。首先，家长了解一下自身是否有，因热性惊厥有很强遗传性。一旦出现惊厥，保证孩子侧卧，避免呕吐时误吸入气管。待惊厥停止后送医院检查。病愈后多建议做脑电图。只要脑电图正常，就可继续接种疫苗。脑电图不正常须遵医嘱正规治疗。

肠绞痛可以接种疫苗吗？

肠绞痛是婴儿生后头六个月中常见问题，多属发育过程问题，少见是牛奶（配方粉）耐受不良。对于有肠绞痛婴儿，不需限制疫苗接种。

接种疫苗（注射或口服）后发热、呕吐等很可能与疫苗有关。对腹泻，应尽快留取粪便标本，获得便常规 + 潜血 + 轮状病毒等抗原检测结果，排除感染性腹泻，可退热治疗（物理降温；退热剂）+ 益生菌（有报道显示，疫苗接种后服活益生菌可增强疫苗接种效果）+ 防止脱水（多进食液体，包括奶），疫苗注射后喝水不会影响预防接受效果。口服疫苗（口服脊髓灰质炎、轮状病毒疫苗），口服后最好 30 分钟内不喝水 / 奶，以免因呕吐造成一定疫苗成分被吐出，很难补充口服。疫苗接种后注意有无过敏反应，注射后局部硬结非常常见。

很多家长会担心，接种完疫苗后的反应，但是与所患疾病相比，这真的是小巫见大巫。

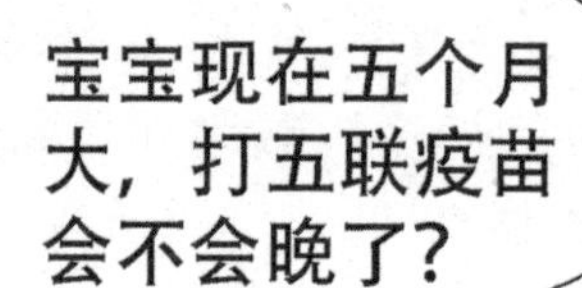

宝宝现在五个月大，打五联疫苗会不会晚了？

b型嗜血流感杆菌是一种细菌，可以导致肺炎、脑炎等，所以才会研制出疫苗以预防严重感染。目前，中国将这种疫苗列为二类（自费）疫苗。除了有单独的疫苗，还有一种五联疫苗，包含b型嗜血流感杆菌。五个月开始接种并不晚，可以间隔1～2个月接种一次，连续3次，在15～18个月接种第四次。

孩子打疫苗后总发烧，能不能不接种

很多家长都会担心孩子打疫苗后会发烧，总是感觉孩子打完疫苗以后会受罪，因此总是想拖延打疫苗的时间或是直接不给孩子打疫苗了。

疫苗是什么呢？疫苗是病原菌的加工产物，可能是病毒，也可能是细菌的产物，所以打到孩子体内必然会有一定的反应过程。病菌作为抗原进入孩子体内，会刺激人体免疫系统的反映，最终产生抗体而预防这种疾病。我们给孩子打疫苗的目的，就是为了让孩子产生抗体，这样才能预防疾病。抗原在体内通过反应产生抗体的过程本身就是一个疾病过程，必然会有些不适，绝大多数孩子可能就会有疲惫、烦躁或者发蔫等表现，发烧就属于其中的一种最常见的不适，所以家长不要过于担心，只要是孩子没有过敏或是其他的严重反应，家长就可以放心，如果孩子仅仅只是发热，观察孩子的体温，如果超过 38.5℃给孩子吃退烧药就好，如果没有，那么就继续观察。

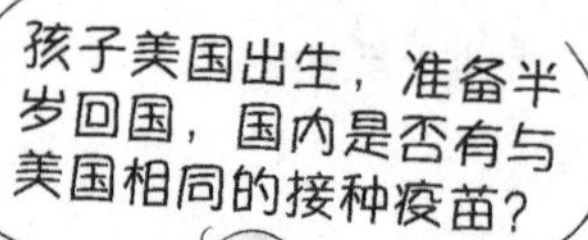

孩子美国出生，准备半岁回国，国内是否有与美国相同的接种疫苗？

现在国内疫苗由疾病预防中心提供，大部分都是国产疫苗，与美国疫苗不完全相同。从种类上，国内暂无六个月内的轮状病毒疫苗和13价肺炎球菌疫苗。国内需要接种的卡介苗、流脑A、麻风、乙脑等美国没有。国外出生，回国时超过三个月的婴儿，在进行结核菌素皮试后，可补种卡介苗。

如果疫苗接种后孩子体温超过 38.5℃，按照常规的发热可以给他用药，如果不到 38.5℃可以进行简单的物理降温。但是不用担心孩子接种后发热会给孩子造成不良的影响，更不会有后遗症。

宝宝
四个半月，五联苗断
货！延长半个月可以
吗？
五联疫苗指的是白喉-百日咳-破伤风-脊髓灰质炎-b型嗜血流感杆菌联合疫苗。生后满两个月开始接种，间隔时间应是1～3个月。若因疫苗提供，不能连续接种，可分别注射白喉-百日咳-破伤风三联疫苗（DTaP）；注射型脊髓灰质炎疫苗（IPV）和b型嗜血流感杆菌（Hib）疫苗。注射间隔时间相同。

宝宝八
个月大，吃了鸡蛋羹后
过敏,全身起红疹，是不是不
能打麻疹风疹疫苗？
首先家长应该坚持不给一岁内婴儿进食蛋清及含有蛋清的食物——不应进食蛋羹等食物。再有，目前麻疹、麻风二联、麻风腮三联疫苗接种前都已经不再建议先进食全蛋尝试是否有过敏现象，因疫苗不再来自鸡胚。根据症状，推测婴儿对鸡蛋过敏，应停止进食至少半年；但疫苗可考虑接种。

季节性流感疫苗的接种

每到秋天来临时，家长要关注一件事情，就是季节性流感疫苗的接种。家长要知道的是，满 6 个月以上的孩子就可以接种季节性流感疫苗了，这种疫苗应该是每年接种一次的。第一次接种的话应该接种两回，间隔一个月，而且应该是全家人都要接种，包括母乳喂养的妈妈。因为母乳喂养的妈妈接种了疫苗后，对孩子也会有保护作用。

季节性流感疫苗属于死疫苗，接种后并不会出现什么问题，但是大家一定要记住，这个疫苗最好在秋末冬初之前接种，因为在这之前是流感的流行阶段，只有在这之前接种才能达到预防的效果。如果要达到保护孩子的作用，那么就要全家一起接种，如果家里有保姆的话，那么保姆也是需要接种疫苗的。

附录

北京市免疫规划疫苗免疫程序（2009 年 1 月 1 日）

年龄	卡介苗	乙肝疫苗	甲肝疫苗	脊髓灰质炎疫苗	无细胞百白破	麻疹疫苗	麻风疫苗	麻风腮疫苗	乙脑减毒活疫苗	流脑疫苗
出生	⊙	⊙								
1月龄		⊙								
2月龄				⊙						
3月龄				⊙	⊙					
4月龄				⊙	⊙					
5月龄					⊙					
6月龄		⊙								⊙
8月龄							⊙			
9月龄										⊙
1岁									⊙	
1.5岁			⊙		⊙			⊙		
2岁			⊙						⊙	⊙ (A+C)
3岁										
4岁				⊙ (A+C)						
6岁					⊙(白破)					
小学四年级										⊙ (A+C)
初中一年级		⊙								
初中三年级					⊙(白破)					
大一进京新生					⊙(白破)	⊙				

美国儿科学会推荐的 0～6 岁儿童疫苗接种时间表（2013 年）

1. 乙型肝炎疫苗（HepB）（最小接种年龄：出生后）

出生后：

⊙ 所有新生儿应在出院前接种乙肝疫苗。

⊙ 如果母亲乙肝表面抗原（HBsAg）阳性，出生后 12 小时内接种乙肝疫苗，并且注射 0.5 毫升乙肝免疫球蛋白（HBIG）。

⊙ 如果不知道母亲的 HBsAg 结果，出生后 12 小时内接种乙肝疫苗。请尽快明确母亲的 HBsAg 状态，如果 HBsAg 是阳性，应在出生后一周内注射 HBIG。

乙肝疫苗的加强接种计划：

⊙ 第 2 剂应该在年龄 1 到 2 个月的时候接种。乙肝疫苗第一针应在宝宝 6 周前给予接种。

⊙ 在年龄 9～18 个月时，HBsAg 阳性的妈妈生的宝宝应该已经完成至少 3 剂乙肝疫苗注射，1 到 2 个月后检测 HBsAg 以及相应抗体（一般可以在下一次健康检查时抽血做检查）。

⊙如果在第一剂接种（出生后接种）后使用包含乙肝疫苗的联合疫苗，可以给宝宝接种 4 剂乙肝疫苗。

⊙出生后没有接种乙肝疫苗的宝宝应该接种 3 剂乙肝疫苗，注射时间的顺序是在注射第 1 剂之后的一个月后注射第 2 剂，第 3 剂是在注射第 1 剂后的 6 个月。

⊙最后 1 剂乙肝疫苗（第 3 剂或第 4 剂）接种时间不应该早于年龄 24 周。

乙肝疫苗和乙肝免疫球蛋白应给予体重小于 2000g 的婴儿和体重在 2000g 或 2000g 以上并且母亲是乙肝病毒表面抗原阳性的婴儿。

2. 轮状病毒疫苗（RV）（轮状病毒疫苗 Rotarix 和 Rotateq 的最小接种年龄：6 周）

⊙第 1 剂的接种年龄应该在 6 ~ 14 周（最大接种年龄：14 周 6 天），如孩子已过了 15 周的生日不建议再接种此疫苗。

⊙最后 1 剂接种的最大年龄是 8 个月。

⊙如果在孩子 2 个月和 4 个月时已接种了 Rotarix，到 6 个月时就无须再接种了。

3. 白喉破伤风和无细胞百白破疫苗（DTaP）（最小接种年龄：6 周）

⊙ 如果第 3 剂接种后已经过去至少 6 个月，可以在孩子 12 个月时接种第 4 剂。

4. b 型流感嗜血杆菌联合疫苗（Hib）（最小接种年龄：6 周）

⊙ 如果在年龄 2 个月和 4 个月的时候接种了 PRP-OPM[PedvaxHib 或 Comvax（HepB-Hib）]，6 个月时就不用再接种。

⊙ Hib 仅用于年龄在 12 个月到 4 岁之间最后 1 剂加强针的接种。

5. 肺炎球菌疫苗［最小接种年龄：肺炎球菌联合疫苗（PCV）—6 周；肺炎球菌多糖疫苗（PPSV）—2 岁］

⊙ 对所有年龄 5 岁以下的儿童都推荐使用 PCV 疫苗。所有年龄在 24 个月到 59 个月之间而且尚未完成适于他们年龄的肺炎疫苗接种的健康儿童都应接种 1 剂 PCV。

⊙ 接种 PCV 全程疫苗，如果第一剂接种的是 7 价 PCV（PCV7），最后一剂的加强接种针应选用 13 价 PCV（PCV13）。PCV13 的接种对象是：所有年龄在 14 ~ 59 个月的儿童；对所有年龄在 60 ~ 71 个月之间，并且已经接种了相应年龄阶段的 PCV7 的所有儿童，尤其是有慢性疾病的患儿推荐补充接种 1 剂 PCV13。

⊙ 有确定慢性疾病的患儿，包括耳蜗植入的 2 岁或更年长的儿童，接种 PPSV 应与上 1 剂 PCV 接种间隔至少 8 周。

6. 灭活的脊髓灰质炎病毒疫苗（IPV）（最小接种年龄：6 周）

⊙ 如果在 4 岁前已经接种了 4 剂或更多剂量的 IPV，在 4 ~ 6 岁之间应该额外增加 1 剂 IPV 接种。

⊙ 最后 1 剂应该在宝宝满 4 岁生日后接种，并且与上一次接种至少间隔 6 个月。

7. 季节性流感疫苗［最小接种年龄：3 价灭活流感疫苗（TIV）—6 个月；流感减毒活疫苗（LAIV）—2 岁］

⊙ 对于绝大多数 2 岁或是年龄更大的健康儿童（没有任何慢性疾病的儿童）应在流感季节来临之前提前注射流感疫苗，TIV 或者 LAIV 均可应用。但是 LAIV 不应用于：1）有哮喘病史的儿童；2）在最近 12 个月有喘息发作的 2 岁到 4 岁间的儿童；3）有其他流感并发症潜在倾向的儿童。以上的几种情况是流感减毒活疫苗的禁忌证。

⊙对于 6 个月到 8 岁的孩子：

2012 年到 2013 年流感季节的流感疫苗的接种：在 2011～2012 年期间没有接种过流感疫苗的孩子，在 2012 年到 2013 年需要接种两剂流感疫苗，两剂之间至少间隔 4 个星期。对于那些已在 2010～2012 年期间注射过一次流感疫苗的孩子，在 2012～2013 年期间注射 1 次流感疫苗即可。

⊙在 2012～2013 年期间，初次接种季节性流感疫苗的，或者在上一次流感季节已接种流感疫苗但仅接种过一次的儿童，应接种 2 剂流感疫苗（2 剂间隔至少 4 周）。

⊙如在 2010～2012 年期间 6 个月到 8 岁之间已接种过一剂流感疫苗的儿童，2012～2013 年仅接种一剂流感疫苗即可。

8. 麻疹、腮腺炎、风疹疫苗（MMR）（最小接种年龄：12 个月）

⊙第 2 剂建议在 4 岁前接种，但应与第 1 剂间隔至少 4 周。

⊙麻风腮三联疫苗应给予 6 个月至 11 个月，需要做国际旅行的孩子。以上这种情况的孩子需要重新接种两剂麻风腮三联疫苗。第 1 剂建议在 12 个月至 15 个月之间接种；第 2 剂加强针应与前一次间隔至少 4 个星期，第 2 剂加强针最晚应在 4 个月至 6 岁之间注射。

9. 水痘疫苗（最小接种年龄：12 个月）

⊙第 2 剂建议在 4 岁前接种，但应与第 1 剂间隔至少 3 个月。

⊙年龄在 12 个月到 12 岁之间的儿童，推荐接种间隔时间最少 3 个月。但是如果第 2 剂与第 1 剂间隔时间在 4 周以上，第 2 剂也是有效的。

10. 甲肝疫苗（HepA）（最小接种年龄：12 个月）

⊙甲肝疫苗的加强针的第 2 剂（最后 1 剂）建议在注射第 1 剂后 6 个月至 18 个月后给予。

⊙如超过 24 个月或高危人群建议接种甲肝疫苗。

⊙两剂甲肝疫苗的注射剂建议给予满 24 个月或 24 个月以上没有接种过甲肝疫苗并且需要具有甲肝病毒免疫力的儿童。

11. 脑膜炎球菌 4 价联合疫苗（MCV4）（最小接种年龄：2 岁）

⊙年龄介于 9 到 23 个月之间：1）有持续性的补体缺乏和结构或功能性脾缺失的儿童；2）居住地区或旅游所在国家是流行性疾病或爆发性疾病的地区；3）由疫苗血清群引起的地方性疾病。在上述几种情况下，建议接种 2 剂 MCV4，第 2 剂建议在 9 个月至 18 个月之间接种，且 2 剂之间至少间隔 8 周。

⊙有人类免疫缺陷病毒（HIV）感染的人接种 MCV4 时应该接种 2 剂，且

2 剂之间至少间隔 8 周。

⊙ 年龄介于 2 到 10 岁之间，且到有疫苗血清群引起的地方性疾病或是流行性疾病或爆发性疾病的地区旅行的儿童，应该接种 1 剂 MCV4。

⊙ 有持续性感染脑膜炎危险，并且以前接种过 MCV4 或脑膜炎球菌多糖疫苗的儿童，如果在 2 到 6 岁时接种过第 1 剂，应该在 3 年后加强。有结构性和功能性脾缺失的孩子，如果已经接种了 MCV4，接种的时间应是最小 2 岁，并且应在接种完所有的 PCV 疫苗后 4 个星期。

7～18岁人群推荐接种疫苗表（2013，美国）

本文包含2011年12月23日发布的推荐表中的有效部分。如有必要，任何未在推荐年龄内接种的疫苗需要在下次就诊时补种。接种联合疫苗优于分开接种同样成分的疫苗。

1. 破伤风白喉无细胞百日咳疫苗（Tdap）（最小年龄：Boostrix—10岁，Adacel—11岁）

⊙ 11～18岁未接种过Tdap疫苗的人群应接种1剂，然后每10年加强1剂破伤风和白喉类毒素（Td）。

⊙ 在7～10岁的补种疫苗的儿童中，应该用一剂Td代替Tdap疫苗。

⊙ 不管与接种最后一剂包含破伤风和白喉类毒素的疫苗间隔时间多长，均可接种Tdap疫苗。

2. 人类乳头瘤病毒疫苗（HPV4、HPV2）（最小年龄：9岁）

⊙ 对于11～12岁的女孩，推荐接种3个剂量的HPV4或HPV2。对于

11～12 岁的男孩，推荐接种 3 个剂量的 HPV4。

⊙可以在 9 岁开始接种此疫苗。

⊙第 2 剂与第 1 剂间隔 1～2 个月，第 3 剂与第 1 剂间隔 6 个月（至少间隔 24 周）。

3. 脑膜炎球菌 4 价结合疫苗（MCV4）

⊙在 11～12 岁之间接种过 MCV4 的儿童，在 16 岁时加强 1 剂。

⊙如果以前没有接种过，应该在 13～18 岁之间接种 1 剂 MCV4。

⊙如果在 13～15 岁时接种第 1 剂，加强针应在 16～18 岁时接种，与前 1 剂的最短间隔时间是 8 周。

⊙如果第 1 剂在 16 岁或更大时接种，不需要加强。

⊙以前未接种过此疫苗且有持续性补体缺乏或者结构 / 功能性脾缺失，接种 2 剂（最短间隔 8 周）后，每 5 年接种 1 剂。

⊙有 HIV 感染的 11～18 岁的青春期人群应该接种 2 剂 MCV4，至少间隔 8 周。

4. 流感疫苗［3 价灭活流感疫苗（TIV），减毒活流感疫苗（LAIV）］

⊙对大多数未怀孕的健康人群，TIV 或者 LAIV 均可接种。LAIV 不应接种于患有哮喘或者其他有易患流感并发症的潜在病理状态的人群。对于其他接种 LAIV 的禁忌证。

⊙9 岁或者更大的儿童接种 1 剂。

⊙对于 6 个月~8 岁的儿童：

2012 ~ 2013 年，未接种 2010 ~ 2012 年流感疫苗的儿童接种 2 剂（间隔至少 4 周）。接种过至少 1 剂 2010 ~ 2012 年流感疫苗的儿童只需接种 1 剂 2012 ~ 2013 年的流感疫苗。

5. 肺炎球菌疫苗［肺炎球菌联合疫苗（PCV），肺炎球菌多聚糖疫苗（PPSV）］

⊙6 ~ 18 岁的患有结构/功能性脾缺失，HIV 或者其他免疫缺陷，耳蜗植入，脑脊液漏出的儿童应接种一剂 PCV。

⊙2 岁或者年龄更大的有明确的潜在病理状态，包括耳蜗植入的儿童，接种最后 1 剂 PCV 后，至少 8 周后接种 PPSV。有结构/功能性脾缺失或是免疫缺陷的儿童应在 5 年后重复接种一次。

6. 甲肝疫苗（Hep A）

⊙ 甲肝疫苗推荐用于年龄 23 个月以上，并且居住在感染甲肝危险性较大，或是需要具有对抗甲肝病毒感染免疫力的地区的儿童。

⊙ 未接种过此疫苗的人群接种 2 剂间隔至少 6 个月。

7. 乙肝疫苗（Hep B）

⊙ 以前未接种过的人群应该接种 3 剂。

⊙ 对于未完成接种的人群，遵照补种推荐。

⊙ 只接种 2 剂成人的 Recombivax HB 的免疫程序可以用于 11 ~ 15 岁的儿童。

8. 灭活脊髓灰质炎病毒疫苗（IPV）

⊙ 最后 1 剂应与前 1 剂至少间隔 6 个月。

⊙ 如果在免疫接种过程中，OPV 和 IPV 都给过，不管儿童的年龄，应该一共接种 4 剂。

⊙ 对于年龄 18 岁或者更大的居民，IPV 并不是常规推荐的疫苗。

9. 麻疹、腮腺炎、风疹疫苗（MMR）

⊙ 2 剂 MMR 之间最短间隔时间是 4 周。

10. 水痘疫苗（VAR）

⊙ 对没有免疫力的人群，以前没有接种过的接种 2 剂，以前接种过 1 剂的接种第 2 剂。

⊙ 7～12 岁的人群，推荐接种最短间隔时间是 3 个月。但是，如果第 2 剂与第 1 剂至少间隔 4 周，也被认为是有效的。

对于 13 岁及以上的人群，接种最短间隔时间是 4 周。

疫苗接种开始时间推迟及推迟 1 个月以上的儿童疫苗追赶计划时间表（4 个月～18 岁，2013）

以下提供了 4 个月至 18 岁的儿童延迟疫苗接种时需补种的时间，如果出现疫苗接种滞后或漏打，同一种疫苗不需要重新开始接种。建议按照以下追赶计划进行补种。

1. 轮状病毒疫苗（RV）（RV-1、RV-5 ）

⊙ 第 1 剂的最大接种年龄是 14 周 6 天和满 8 个月生日的那一天，不能在满 15 周和 15 周后给予。

⊙ 如果第 1 剂和第 2 剂接种的是 1 价轮状病毒疫苗（RV-1），第 3 剂无须接种。

2. 白喉破伤风和无细胞百日咳疫苗（DTaP）

⊙ 如果第 4 剂是在 4 岁或更大时接种的，不需要接种第 5 剂。

3. b 型流感嗜血杆菌联合疫苗（Hib）

⊙ 5 岁或更大年龄的有镰状细胞病、白血病、HIV 感染或是脾切除，且未接种 Hib 的儿童，家长应该考虑接种 1 剂 Hib。

⊙ 如果第 1、2 剂接种的是 PRP-OPM（PedvaxHib 或 Comvax），而且是在 11 个月或是更小年龄时接种的，第 3 剂（和最后 1 剂）应该在 12 个月到 15 个月时接种并且和前两剂间隔至少 8 周。

⊙ 如果第 1 剂在 7 个月到 11 个月时接种，最后 1 剂应该在 12 个月到 15 个月的时候接种。两剂应该至少间隔 4 周。

4. 肺炎球菌疫苗［最小接种年龄：肺炎球菌联合疫苗（PCV）—6 周；肺炎球菌多糖疫苗（PPSV）—2 岁］

⊙ 年龄在 24 个月到 71 个月之间且有慢性疾病的儿童，如果以前已经接种了 3 剂 PCV，应再接种 1 剂 PCV13。如果以前接种的 PCV 少于 3 剂，应该接种 2 剂 PCV13，并且两剂之间至少间隔 8 周。

⊙ 6 ~ 18 岁且有慢性疾病的儿童推荐只接种一剂 PCV13。

⊙ 2 岁或更大年龄的儿童，且有慢性疾病的应该接种 PPSV。

5. 灭活脊髓灰质炎病毒疫苗（IPV）

⊙如果第 3 剂是在 4 岁或是更大年龄时接种的，且与前 1 剂间隔至少 6 个月，第 4 剂不需要接种。

⊙如果年龄在 6 个月内，最小接种年龄以及最短间隔时间只推荐用于脊髓灰质炎病毒流行时（例如到脊髓灰质炎病毒流行的地区旅行或者处于脊髓灰质炎爆发时期）。

⊙在美国，IPV 不是 18 岁或 18 岁以上青少年的常规注射的疫苗。

6. 脑膜炎球菌 4 价联合疫苗（MCV4）（最小接种年龄：Menactra MCV4-D—9 个月；Menveo MCV4-CRM—2 岁）

请参考本书第 134 页《美国儿科学会推荐的 0 ~ 6 岁儿童疫苗接种时间表（2013 年）》和本书第 141 页《7 ~ 18 岁人群推荐接种疫苗表（2013，美国）》。

7. 麻疹、腮腺炎、风疹疫苗（MMR）

⊙在 4 到 6 岁时，常规接种第 2 剂，两剂之间最短间隔时间是 4 周。

8. 水痘疫苗

⊙在 4 到 6 岁时，常规接种第 2 剂。

⊙如果第 2 剂与第 1 剂间隔至少 4 周，第 2 剂是有效的。

9. 破伤风白喉（Td）以及破伤风白喉和无细胞百日咳疫苗（Tdap）

⊙对 7 到 10 岁的儿童如果在孩童时期没有完成 DTaP 的接种，需进行补种加强时，建议使用单剂 Td 代替 DTaP。如果还需加强，建议使用 Td 疫苗，对于这些儿童，青春期的 Tdap 的疫苗不建议接种。

⊙在 7 ~ 18 岁期间，如注射了 DTaP, 在追赶计划中可以作为有效的 1 剂，这 1 剂可作为青春期的 Tdap，或者在 11 ~ 12 岁期间，加强 1 次 Tdap。

10. 人类乳头瘤病毒疫苗（HPV）（HPV4、HPV2）

⊙ 13 到 18 岁的女孩，如果以前未接种 HPV 或是未完成 HPV 接种，应接种 HPV2 或 HPV4, 对于 13 ~ 18 岁的男孩，应接种 HPV4。

对于推荐剂量的间隔请参照本书第 141 页《7 ~ 18 岁人群推荐接种疫苗表（2013，美国）》。